高等院校艺术设计类系列教材

景观雕塑设计

王鹏 主编

清華大学出版社

北京

内 容 简 介

作为一本景观雕塑艺术书籍，本书共7章，主要内容包括景观雕塑概述，景观雕塑的类型及功能，景观雕塑的设计要素，景观雕塑的材质，景观雕塑基座、视觉、照明，景观雕塑设计流程与原则，不同环境中的景观雕塑案例赏析等。

本书内容新颖，讲解详细，汇聚国内外优秀雕塑作品，配以图片、文字进行讲解，有助于学习者提升雕塑艺术水平。

本书适合作为艺术设计专业的教材，也适合景观艺术学习者、雕塑艺术学习者以及相关专业从业人员学习参考，或其他专业学生阅读参考。

本书封面贴有清华大学出版社防伪标签，无标签者不得销售。
版权所有，侵权必究。举报：010-62782989，beiqinquan@tup.tsinghua.edu.cn。

图书在版编目(CIP)数据

景观雕塑设计 / 王鹏主编. —北京：清华大学出版社，2022.6 (2025.1 重印)
高等院校艺术设计类系列教材
ISBN 978-7-302-60769-4

Ⅰ. ①景…　Ⅱ. ①王…　Ⅲ. ①雕塑—景观设计—高等学校—教材　Ⅳ. ①TU986.4

中国版本图书馆CIP数据核字(2022)第076079号

责任编辑：魏　莹
封面设计：李　坤
责任校对：周剑云
责任印制：杨　艳
出版发行：清华大学出版社
　　　　　网　　　址：https://www.tup.com.cn, https://www.wqxuetang.com
　　　　　地　　　址：北京清华大学学研大厦A座　　　邮　　　编：100084
　　　　　社 总 机：010-83470000　　　　　　　　　邮　　　购：010-62786544
　　　　　投稿与读者服务：010-62776969，c-service@tup.tsinghua.edu.cn
　　　　　质量反馈：010-62772015，zhiliang@tup.tsinghua.edu.cn
　　　　　课件下载：https://www.tup.com.cn, 010-62791865
印 装 者：三河市龙大印装有限公司
经　　销：全国新华书店
开　　本：190mm×260mm　　印　　张：11.25　　字　　数：273千字
版　　次：2022年7月第1版　　　　　　　印　　次：2025年1月第2次印刷
定　　价：59.00元

产品编号：095982-01

前　言

雕塑是一门专业性很强的艺术，以纯粹的形体、空间等表现方式向人类展示雕塑艺术的美。景观雕塑是环境景观设计手法之一。古今中外许多著名的环境景观作品都采用景观雕塑设计手法。有许多环境景观的主体就是景观雕塑，并且用景观雕塑来命名这个环境。所以景观雕塑在环境景观设计中起着特殊而积极的作用。世界上许多优秀的景观雕塑甚至成为城市标志和象征的载体。

景观雕塑是敞开式的、通透的，铺在大地上的艺术品。通过这些艺术品，人们可以深切地感受到大自然的呼吸，体会人与自然和谐共处的愉悦感。艺术家与土地接触能使之从工业产品中解放出来，获得艺术创作的灵感。人是自然的人，像植物这种"材料"的季节感就能直接体现自然生命周期。雕塑艺术家要懂得顺应材料的属性，去建造艺术品。

作为一本景观雕塑艺术类图书，本书运用了基础知识与国内外经典案例相结合的方式进行讲解，内容循序渐进，层层深入。在文字论述中，作者寓理性于感性之中，文字生动。通过不同类型的个案分析，论述景观雕塑设计的重要问题，通过梳理总结，归纳出环境雕塑设计的一些规律和原则，启发雕塑设计者思考和总结雕塑设计的价值倾向，以使更多的雕塑艺术精品问世，成为景观中的亮点。

本书共7章，具体包括以下内容。

第1章：景观雕塑概述，主要介绍景观、景观雕塑的定义、景观雕塑的主要特征以及国内、国外景观雕塑的发展情况。

第2章：景观雕塑的类型及功能，主要介绍景观雕塑的类型、功能以及特点，通过学习本章内容，使读者能够深入掌握景观雕塑的设计要点。

第3章：景观雕塑的设计要素，主要介绍景观雕塑与环境的关系，如何决定尺寸大小，空间、色彩上的运用，以及不同艺术形式的材料选择。

第4章：景观雕塑的材质，主要介绍景观雕塑的原料，即材质种类，以及各自的特点。

第5章：景观雕塑基座、视觉、照明，主要介绍景观雕塑中的基座的设计、观赏视角摆放、照明设计。

第6章：景观雕塑设计流程与原则，主要介绍景观雕塑的设计流程、原则以及与城市空间之间规划的原则。

第7章：不同环境的景观雕塑案例赏析，主要介绍：城市广场雕塑、公共空间雕塑、公共园林雕塑、居住区雕塑、水景雕塑以及其他雕塑的案例。

本书精选了大量国内外优秀景观雕塑案例，所选图片细节性强，说明文字简明扼要，直接反映出设计的要点所在。

本书各章最后提供了一些习题供读者练习使用，习题答案可通过扫描右侧的二维码下载获取。

扫码下载习题答案

本书由河北师范大学美术与设计学院的王鹏老师主编，适合作为艺术设计专业的教材使用。在城市文化规划建设进行如火如荼的今天，本书作为景观雕塑设计方面的图书，也将成为雕塑设计者、景观设计者、城市规划设计者和建筑师的重要参考用书，也可以作为学生的资料图集类工具书，有助于开阔与提高读者的设计眼界，并开拓其创新思维。

编　者

目 录

第1章

景观雕塑概述

 学习目标

- 了解景观、景观雕塑的定义。
- 熟悉景观雕塑的特征。
- 掌握景观雕塑的发展历史。

 案例导入

escale numérique城市公共设施

在地理学家眼中景观被定义为一种地表景象，如沙漠景观、草原景观、森林景观等；而艺术家则把景观当作一种艺术形式，对景观进行表现与再现；风景园林师则把景观作为建筑物的配景或背景；生态学家把景观定义为生态系统或具有结构和功能以及内在和外在联系的有机生态系统；旅游学家把景观当作旅游观光资源。而更常见的是景观被城市美化运动者和开发商等同于城市的街景立面，霓虹灯，房地产中的园林绿化和小品、喷泉叠水。还有一个更文学和广泛的定义则是"能用一个画面来展示，能在某一视点上可以全览的景象"。

分析：

法国设计师马修·勒汉诺(Mathieu Lehanneur)完成了首个城市"数码港"开发项目"escale numérique"，如图1-1～图1-6所示。这个小亭子的屋顶上覆盖了一层植物，让人联想到公园里大树的树冠。屋顶下方设计了几个座椅，座椅就像大树下冒出的几颗蘑菇。这些用混凝土制作的公共座椅上还配备了迷你桌板以及为笔记本电脑提供的电源插座。同时，在中心位置还有一块触摸屏，上面将实时更新各种城市的服务信息，例如指南、新闻和为参观者和旅游者提供的互动标识等。这个设计从顶部观看将有更好的效果，它也将成为一种全新的城市建筑语言。

图1-1　城市公共景观设施1

图1-2　城市公共景观设施2

图1-3　城市公共景观设施3

图1-4　城市公共景观设施4

图1-5　城市公共景观设施5

图1-6　城市公共景观设施6

这款城市小型的"绿岛"数码港将安置在城市的各个角落，成为城市建筑的一个新鲜元素，也成为景观艺术的创新设计。

1.1 景观雕塑的概念

艺术是人们对审美需求的表达方式，雕塑是人类创造的一种艺术形式。景观雕塑引进了环境与公共性的观念，因而成为现代艺术中最为人们欣赏的艺术形式。通过景观雕塑，人们能够欣赏到各种各样、各种材料、各种观念的表现。

1.1.1 景观

"景观"(landscape)一词最早出现在希伯来文本的《圣经》中，用于对圣城耶路撒冷整体美景的描述。无论是东方文化还是西方文化，"景观"最早的含义更多地具有视觉美学方面的意义，与"风景"同义或近意。对景观的定义，不同的分类给予了它不同的理解。

景观，一般意义上是指一定区域呈现的景象，即视觉效果。这种视觉效果反映了土地及土地上的空间和物质所构成的综合体，是复杂的自然过程和人类活动在大地上的烙印。生态学上景观是指由相互作用的拼块或生态系统组成，以相似的形式重复出现的一个空间异质性区域，是具有分类含义的自然综合体。如图1-7所示为不同的景观小品。

草园景观

森林景观

图1-7　不同的景观

苏州园林景观　　　　　　　　　　　　　　　公园景观

图1-7　不同的景观(续)

景观是人所向往的自然景象，是人类赖以生存的栖居地；景观是人造的工艺品与艺术品，是需要科学分析、科学解读、科学创造和改造方能被理解的物质系统，是现在及将来有待解决的问题；景观是可以带来财富的资源；景观是反映社会伦理、道德和价值观念的意识形态，是历史的演化，是人类文明的载体；景观是我们塑造美的历程中得到的美的价值，是我们对美的认识与再认识的解读。

景观设计是指建立在环境艺术设计概念之上的艺术设计门类，其内容涉及美术、建筑、园林和城市规划、道路、绿地等专业。而景观设计最通俗的解释，一般是指美化环境景色，以塑造建筑外部的空间视觉形象为主要内容的艺术设计。

景观设计学是一门具有综合性、实践性的学科和技术，核心是人类生存的艺术。景观设计的基本表达是：对土地及人类户外空间存在的一系列问题提出科学合理的分析解读，提出相应的更加人性化、更适宜可持续发展的科学的解决途径和解决方案，并最终促成设计的实现。它是一门建立在广泛的自然科学和人文艺术科学基础上的应用学科。

1.1.2　景观雕塑

雕塑起源于古代，例如佛像，具有神灵的象性意义。随着时代的发展、社会的进步，在20世纪以后，雕塑大多是主体性的、纪念性的伟人或人民群众形象的大型造像，具有非常明确的宣传功能和教育意义，例如，北京天安门广场人民英雄纪念碑、岳飞人物雕塑，如图1-8所示。

景观为城市的美丽增分不少，景观由建筑、树木、公园、花坛、各种雕塑等组成。其中的各种雕塑被称为景观雕塑，它为城市的景观增添了别样的风采。

现代景观雕塑的表现手法、材料、构图立意更加贴近生活，更有感染力，使雕塑与环境、雕塑与人的距离拉近，慢慢地形成了独立的景观雕塑。

人民英雄纪念碑

岳飞人物雕塑

图1-8 现代雕塑

景观雕塑是以景观环境为平台的一种雕塑形式，并针对特定的环境设计和创造，与所在环境结合成有机整体，内容与形式多种多样。景观雕塑有别于传统的、封闭的造型和纪念性雕塑，它更走近大众空间。许多著名的环境景观采用了景观雕塑的设计手法。有许多环境景观的主体就是景观雕塑，并且用景观雕塑来命名该环境。所以，景观雕塑在环境景观设计中起着特殊而积极的作用。

景观雕塑与近几年世界上流行的"公共艺术""环境雕塑""城市小品"等相比各有侧重，但又相通。景观雕塑主要包括设计立在室外的、城市公共环境景观中的雕塑作品，按功能性质可分为纪念性、象征性、标志性、陈列性、装饰性、趣味性、商业性。按地理位置分类，这些景观雕塑在城市公共环境中又可分为广场雕塑、街区雕塑、步行道雕塑、公共建筑雕塑、园林雕塑、水景雕塑、地景艺术、雕塑公园等，如图1-9所示。

北京西站广场雕塑

纽约街区雕塑

步行街雕塑

水景雕塑

地景艺术

雕塑公园

图1-9 不同位置的景观雕塑

景观雕塑强调雕塑的景观化，它除了要具有创造性、独特性之外，还要具有环境的整体性。一个好的景观雕塑能够营造出适宜的方位、角度、光照、方向、交通路线等视觉效果。作为整个文化的构成部分，景观艺术代表了城市、地区的文化水准和精神面貌。城市中的优秀雕塑作品以永久性的可视形象，使每个进入所在环境的人都会沉浸在浓厚的文化氛围之中，感受到城市的艺术气息。

景观雕塑还可以起到调节城市环境色彩、调节人群心态、调节视觉感受的作用。近年来，我国景观雕塑建设始终把增添环境景观作为重点，景观雕塑绝大部分被放置在公共空间。一些景观雕塑因为可反映城市环境或地区的历史、地理、传说、风俗等特点，从而被公认为该地区的标志。

 案例 1.1

北京王府井大街雕塑

北京王府井商业街上的雕塑，以各种人物造型和带有文化特点的雕塑形象丰富了王府井大街的文化氛围，同时也增加了王府井商业街商业环境的艺术空间。

如图1-10所示，北京王府井步行街上的景观雕塑艺术品就是凭借独特的艺术特色，成为北京商业繁华地带的标志。北京作为明、清王朝的都城，是文化、艺术中心，现代雕塑艺术家将这些时期的代表雕塑雕刻出来，既弘扬中华民族悠久的历史文化，也展示出不同时期各种人物的装束造型。雕塑与现代艺术结合在一起，展现出北京新、旧时期艺术风貌变化。

晚清拉洋车的人与老洋车雕塑

民国老北京人唱古戏的场景雕塑

图1-10　北京王府井大街雕塑

1.2　景观雕塑的特征

景观雕塑是面向公众的艺术，它是为特定的环境和公共场所而设计、创建的艺术品。因此，景观雕塑艺术又被称为"公共艺术"，具有公共性、环境性、强制欣赏性、形式性的特征。

公共艺术在不同的国家有着不同的称谓，如"公共建筑艺术""公共场所艺术""政府建筑中的艺术"等。它们都是由"艺术"和"公共"构成的，其中"艺术"是中心词，"公共"是限定词和修饰词。这具有两层含义：公共艺术是艺术，公共属性是其自成类别的界定核心。

1.2.1　公共性

景观雕塑作为一种公共艺术形式，是雕塑作品与环境融合而成的内容丰富的景观。景观雕塑排除了设计师情感经验、艺术观念、思想倾向、个人风格、实验艺术等，还满足了设计师的创作需求和无意识投射。景观雕塑的设置本质上是一种公共行为，是为公众反映和诉求其社会的、物质的、历史的、政治的需求而创作和制造的。在一个特定的环境中设置什么样的雕塑，应该有公众的参与和决定，再由艺术家来具体执行和操作。

景观雕塑作为大众生活空间的一个重要组成部分，它时时刻刻刺激着身处在该空间环境中的人的感官，并将设计师的思想感情传递给人们。这样的空间环境就要求景观雕塑必须具有公共性。公共性是指生活在现实社会中的人们都参与其中并享受带来的利益的权利；不论什么样的种族、肤色、阶层，具有什么样的文化背景和宗教信仰，人们在表达自己思想感情和选择生存方式时都是平等的。公共性是大众意识加强和社会开放程序扩大的必然体现。艺术的公共性在客观上促使景观雕塑要表达人们普遍认同的价值观念，使大众产生共鸣。景观雕塑的公共性要求雕塑家在创作时，要考虑到作品本身必须具备大众认同的审美情趣及作品与周边环境的和谐、亲近。

联合国总部门前有两座雕塑：一座是《和平》，如图1-11所示，造型是拧成死结的手枪，象征非暴力，即"不要武器，要和平"；另一座雕塑名为《破碎的地球》，如图1-12所示，圆圆的地球，残缺不全，目的在于唤醒人们关爱地球、保护地球。

图1-11　《和平》雕塑　　　　　　　　图1-12　《破碎的地球》雕塑

景观雕塑是人与社会环境和自然环境的交流，是与自然、社会发展的和谐统一。它的综合特征包括自然美学、环境、人文、生态等不同的角度，必须遵循公共的属性，方能融入公众的群体之中。当代艺术成为一种文化沟通与精神的激励，表现在对公共想象力的培养和对公众民主的培养。群众个体对公共性的理解是不尽相同的，但自由和交流是公共性的基础。所以，并不是将雕塑放到公共环境中就是好的公共艺术。对艺术家来说，站在艺术的前沿，具有独创性，对公共事业的认真态度才能创作出优秀的公共艺术品。为了使大众接受艺术家的独特视角，就必须将公共性和亲和力融入艺术语言中。

　　一般来说，我们认为雕塑大多是室内的架上雕塑，其实雕塑的造型和自由度更加适合室外环境。因为雕塑大多数是让观赏者走到近处进行观赏的。20世纪以后，雕塑的发展慢慢融入景观艺术当中，感受雕塑家所传递的思想情感和体会雕塑所蕴含的人文情怀。随着雕塑的发展，尺寸也变得越来越大，并且已经离开了基座成为景观本身。

　　由韩国设计师格瑞斯(Grdisa)设计的位于斯洛文尼亚首都卢布尔雅那的城市雕塑，如图1-13所示，占地面积25平方米。此景观雕塑，是Tivoli公园新的信息指标。通过雕塑的放置，重新激活了Tivoli公园这片草地，建立了一个新的入口公园。由此明确了切洛夫斯卡街、Tivoli运动场、活动大厅和Tivoli公园之间的联系。卢布尔雅那的城市雕塑的建立用来通知游客将在公园里举行的不同的艺术装置和博物馆展览。隐藏在公园里的，有博物馆、花园，以及国际中心的平面艺术、国家博物馆当代历史的展览和植物园。运用明亮的对比色，雕塑形成一个开放、清晰和动态的结构形式，探讨了环境运动的可能性，而这种运动本身就如同一个自然环境过程。这个雕塑框架代表了花开的五个不同的阶段。基于这种形式，这个动态雕塑能引起行人的兴趣和召唤他们从这里通过。

　　景观雕塑的公共性必须与时代同步，无论外在造型设计还是内在精神内涵，都应与当代人认同的审美情趣和思想意识同步；同时要求雕塑与空间环境必须达到和谐相容，雕塑所在之处的空间更加广阔、开放，观赏者的欣赏角度更加丰富。

图1-13　斯洛文尼亚卢布尔雅那的城市雕塑

　　美国芝加哥广场的景观雕塑，如图1-14所示，位于芝加哥千禧公园的云门，芝加哥人称之为"豆子"(The Bean)，它是由英国设计师安易斯(Anish)设计，整个雕塑用高度抛光的不锈钢打造，表面采用镜面处理，整个雕塑又像一面球形的镜子，在映照出芝加哥市摩天大楼和天空朵朵白云的同时，也如同一面巨大的哈哈镜；当人们站在它面前时自己也和四周的建筑融合在一起，吸引游人驻足，欣赏雕塑映出的别样的自己。

图1-14　芝加哥千禧公园的雕塑

1.2.2　环境性

　　环境性是指景观雕塑与其所在的环境连接成一个有机整体。因此，景观雕塑不是独立存在的，它是城市整体、建筑环境、森林公园等的组成部分，也是重要的构成元素，并与环境中的其他要素保持良好的沟通和互动。

　　景观雕塑的环境性要求主题与内容的协调统一。主题与内容是一切人类艺术创建的自然存在，自然景观雕塑也脱离不了这个实质。环境的主题与内容说明了它的性质和特征，也说明了"这里为什么是这样"和"这里我们能做什么"的问题。

　　城市的景观与雕塑在主题与内容之间要有一个协调、统一的关系，且这种关系要具备共同的准则、共同的价值、共同的认知语言、共同的伦理道德。景观雕塑作为公共环境的一部分，不能脱离环境这个大主题；否则，所设计的雕塑将没有意义。

　　随着时代的变迁，许多用石、铜、陶、玉、泥等材料制作的雕塑，在经历了千百年后仍保存下来，这些雕塑也拥有各自的时代特征。例如，陕西临潼兵马俑、甘肃敦煌彩塑、四川乐山大佛、埃及胡夫金字塔，如图1-15所示。

陕西临潼兵马俑　　　　　　　　　　甘肃敦煌彩塑

图1-15　不同时期的雕塑

四川乐山大佛　　　　　　　　　　埃及胡夫金字塔

图1-15　不同时期的雕塑（续）

1.2.3　强制欣赏性

景观雕塑是为特定环境而设计的，它与环境形成了一个整体。人们可以不去博物馆参观出土文物，也可以不去美术馆或画廊欣赏绘画或架上雕塑，但只要人们处在环境之中，就不得不看其中的景观雕塑，这也形成了一种强制欣赏性。强制欣赏性使用的景观雕塑可以陶冶人们的心灵，教化人们的思想，引导人们的审美观。

如图1-16所示的景观雕塑，由新西兰艺术家尼尔·道森(Neil Dawson)设计，雕塑坐落在山丘之上，由于雕塑独特的创意和造型吸着人们的目光，使得路过的人不由自主地观看它。该雕塑看起来像是一片纸被吹到山顶，形成震撼的视觉效果。

图1-16　新西兰创意雕塑

1.2.4　形式性

形式性是指构成事物的物质材料的自然属性(色彩、形状、线条、声音等)及其组合规律(如均衡、节奏和韵律等)所呈现出来的审美特性。形式美所体现的是形式本身所包含的内容，单独呈现出形式所蕴含的朦胧的意味。

景观雕塑的美的形式分为两种：一种是内在形式，指设计师想表现的内容；另一种是外在形式，指内在形式的感性外观形态(如材质、线条、色彩、肌理、形状等)。人类可以通过肉眼观看到美的对象，通常在外形上具有一定的特征，如均衡、对称、比例、节奏、韵律、变化、一致等。

　　均衡原则体现在景观雕塑中，主要是对放置位置、体量、材质、形态与颜色的要求。节奏是指画面上对比双方的交替形式，如明暗、强弱、粗细、软硬、冷暖、方圆、大小、紧松、疏密、急缓等对比因素，其搭配与反复出现的频率与对比关系构成了景观雕塑的节奏感。韵律则是指景观雕塑上的启、承、转、合及一波三折的韵味与律动关系，如线条的运动轨迹，色调的微弱变化，笔墨的干、湿、浓、淡等因素之间的过渡转换等。景观雕塑根据这些设计，既加强整体的统一性，又可以求得丰富的变化。

　　形式美是欣赏景观雕塑时首要的审美要求。设计师在确定题材、主题后进行造型创作时，面临的第一个问题是构图的形式式样。有些主题要求庄严肃穆，构图式样应该是静态的稳定、持重。一件造型美的景观雕塑足以在雕塑史上占有一席之位，甚至会引起人们的共鸣。

　　如图1-17所示的断裂的铁链雕塑，这座雕塑表现了柏林的重建，即使断裂了也会紧紧地相拥在一起、团结在一起，并努力重构。断裂的铁链雕塑与城市环境紧密结合，主题庄严、肃穆。

图1-17　断裂的铁链雕塑

青岛五月风雕塑

　　如图1-18所示的青岛五月风雕塑，该雕塑以青岛作为"五四运动"的导火索主题，充分展示了岛城的历史足迹，包含着催人向上的浓厚意蕴。雕塑取材于钢板，并辅以火红色的外层喷涂，其造型采用螺旋向上的钢板结构组合，以洗练的手法、简洁的线条和厚重的质感，表现出腾空而起的"劲风"形象，给人以"力"的震撼。雕塑整体与浩瀚的大海和典雅的园林融为一体，成为"五四广场"的灵魂，高耸在那里。雕塑本身与城市环境融为一体，它的公共性得到体现，欣赏性、形式美也逐一得到表现。

图1-18 青岛五月风雕塑

1.3 景观雕塑的发展史

远古时期，人类通过绘画、雕塑、音乐等艺术形式来表达自己对大自然的崇敬。随着时代的发展和人类文明的进步，这些景观雕塑也在不断变化，本节将介绍国内外不同国家在不同时期的景观雕塑发展情况。

1.3.1 国外景观雕塑的发展史

国外景观雕塑发展源远流长，下面按古埃及、古希腊、古罗马、哥特式、文艺复兴、巴洛克雕塑、洛可可雕塑、西方近现代雕塑进行介绍。

1. 古埃及雕塑

国外的景观雕塑可以追溯到公元前3000年的埃及，埃及统一建立了强大的专制王朝。为了歌颂王权、巩固政治，法老们动用人力修建陵墓、庙宇、雕像。古埃及时期最重要的雕塑便是狮身人面像，如图1-19所示。雕像身长约57米，面部为5米，一只耳朵就有2米长。雕像是按照哈夫拉的形象塑造的，它保持了法老的相貌特征和威严的气派。雕像头戴方巾，前额雕刻着圣蛇，两眼直视前方，以一种藐视一切的姿态匍匐在金字塔旁，仿佛是在守护着金字塔的秘密。狮身人面像以巨大的金字塔为背景，整体比例较好。雕像和金字塔浑然一体，交相呼应，两者在广袤的环境中共同体现了法老庄严永恒的权威和追求永生的愿望。

人们通过狮身人面像了解到古埃及时期的雕塑特点，人物的姿势保持直立，双臂紧贴躯体，正面直对观众。人物的等级决定了雕像比例的大小。雕像着重刻画头部，面部的装饰物较多、表情严肃。雕像着色，眼睛用多种材料代替，达到了逼真的效果。

图1-19 埃及狮身人面像

2. 古希腊雕塑

古希腊时期,雕塑艺术进一步发展,建筑艺术与雕塑艺术的结合更加紧密。古希腊艺术的形成、发展与社会历史、民族特点、自然条件相关。古希腊古风时期的雕塑比较呆板,受到埃及文化的影响,人物脸部微笑千篇一律,被称为"古风式的微笑"。古风后期,开始塑造健壮的男子形象。这些男性雕塑比例匀称,肌肉结实,但人物仍然正面直立,脸部带有古风式的微笑。

希腊古典时期的雕刻摆脱了古风时期的拘束和装饰性,产生了写实的人体,并相继出现了许多雕塑艺术家,如菲迪亚等。

如图1-20所示的雅典娜女神像,这座雕像用木胎包以黄金、象牙雕刻而成,女神一手持矛,一手托着胜利女神。她身旁放着盾,盾的内侧面刻着《众神和巨人作战》,外侧面刻着《希腊人和阿玛戎之战》。这座雕像立在神庙的主室,是雅典国家威权的象征。

图1-20 雅典娜女神像

3. 古罗马雕塑

公元前1世纪,古罗马人征服了古希腊,但古希腊的文化却征服了古罗马人。古罗马的雕塑艺术没有古希腊雕塑艺术的浪漫主义色彩和幻想,但具有写实和叙事的特征。古希腊雕塑强调的是共性和民族精神,而古罗马雕塑带有个性特征。古罗马艺术家不满足外形的逼真,更加注重人物个性的刻画。在古罗马,雕塑和城市、建筑环境融为一体,出现的雕塑体现了国家的强大,歌颂了统治者的伟大。这些雕塑具有纪念意义,供市民瞻仰和观赏。

如图1-21所示的图拉真记功柱是罗马帝国纪念性建筑的标志。图拉真记功柱是图拉真帝王为纪念对达契亚人的胜利而建的,是一个大理石砌成的大柱子,由底座、柱身、柱顶三部分组成。环绕柱身有23圈浮雕,长达244米,顶宽为1.22米,底部宽为0.9米。最底层有个象征多瑙河的半身人像,从波涛中跃起,目送罗马大军出征,身边漂浮着运送的船只;第二层是表现军事长官给士兵布置任务,用石块垒筑工事;第三层描绘的是士兵们加固工事,运送给养,骑马巡逻;第四层描绘的是图拉真站在高台上指挥军队前进,也是浮雕的中心。图拉真亲率军队,鼓舞士气,手握长矛,目光炯炯;士兵们驻足静听,斗志旺盛。浮雕细致地描绘了人物的服饰、武器及心理状态。全部浮雕共有2500个人物，具有写实的风格，所有的人物都采用同样的尺寸，看起来十分壮观宏伟，有着极大的历史真实性。

图1-21　图拉真记功柱

4. 哥特式建筑与雕塑

中世纪美术发展到顶点就是哥特美术。哥特美术开始于建筑领域，而后发展到雕塑、绘画艺术领域。早期的哥特式雕刻和绘画都是建筑的一部分，而晚期的建筑和雕刻则追求平面装饰性的效果。

如图1-22所示是法国夏特尔教堂。在教堂的入口处两侧排列着的柱像是从建筑结构演变出来的雕刻装饰形式，这种柱像日益脱离建筑而成为独立的雕刻作品，人物形象从僵直紧贴柱子变为浮雕形式，而且还表现出身体动态的左顾右盼，突破了建筑结构的限制；同时，每个人物都有独立性，甚至可以脱离支柱。它们代表着一种革命性的变化，那就是重新恢复古典时代以来的三度空间的圆雕。另外，教堂外部侧柱上的雕像将三个大门的景象连在一起，它们分别代表圣经中的先知、帝王、帝后。这样的设计是为了把法国的君主作为旧约中帝王的继承人，以强调现实和宗教精神的统一，那就是将教士、主教与帝王结合在一起。

图1-22　法国夏特尔教堂

5. 文艺复兴时期

14—16世纪是欧洲文艺复兴时期，也是整个西方艺术发展史上的一次高峰。这个时期，随着欧洲各国日益强大，宗教的影响发生了变化，许多科学家、艺术家、思想家提出了以人为本、尊重人、关怀人的世界观。雕塑出现了空前的繁荣，以其完美的技巧、雄伟的气魄和深刻的思想成为西方艺术的又一次高峰，在整个城市环境中起到了重要作用。文艺复兴时期的雕塑以"中心"为美学特点，追求和谐统一、丰富的表现力与完美的造型。"中心"代表王权，和谐完美代表了人们对理性的依赖。

文艺复兴时期著名的雕塑家多纳太罗，所雕塑的作品保留了哥特式风格，复兴了希腊、罗马的古典样式。如图1-23所示的加塔梅拉塔骑马像雕塑，这座雕塑像安放在帕都亚圣安东尼教堂正门前，加塔梅拉塔戎装佩剑、双手提缰、神情果敢，充满英雄气概。

图1-23 加塔梅拉塔骑马像雕塑

6. 巴洛克风格

17世纪的欧洲美术，是以巴洛克风格为代表的多种风格共存并互相影响的时代。巴洛克产生于意大利，这种艺术既有宗教特色，又有享乐主义的色彩，是一种带有激情的艺术，打破了理性的宁静和谐，具有浓郁的浪漫主义色彩，强调艺术家的丰富想象力。巴洛克风格极力强调运动，关注作品的空间感和立体感，并且也注重艺术的综合性，是建筑、雕塑、绘画的综合。

如图1-24所示的圣德列萨祭坛雕塑，创作者是著名的建筑、雕塑大师洛伦佐·贝尼尼。此雕塑为卡尔纳罗礼拜堂制作，表现的是圣德列萨在幻觉中见到上帝的情景。从思想上看，这件雕塑反映了一个人文主义色彩，突出了对美好生活的向往，在当时的社会具有进步意义。从雕塑技巧来看，圣女多而乱的衣褶、云朵的飘浮效果以及人物复杂的曲线，都充分显示了贝尼尼雕塑的细致。

图1-24 圣德列萨祭坛雕塑

洛伦佐·贝尼尼是一位建筑家、雕塑家、画家，善于运用凹凸面上交替的光线所造成的动感效果，运用豪华的材料和道具，加上装饰背景，增加雕塑的感染力。洛伦佐·贝尼尼的雕塑热情、奔放，有旋风般的力量，非常富有运动感和戏剧性。洛伦佐·贝尼尼最突出的贡献是将建筑、雕塑、绘画融为一体。

7. 西方近现代雕塑

19世纪，西方出现了很多艺术流派，如新古典主义、浪漫主义、现实主义、印象主义、新印象主义和后印象主义。

新古典主义是18世纪中期至19世纪初兴起于法国的一种美术风格，最初的宗旨是要培养人们的英雄主义精神，以唤起人民推翻封建专制的热情。新古典主义的主要特征是将古希腊、古罗马文明鼎盛时期，或庄严肃穆或优美典雅的艺术形式与资产阶级革命时期的英雄主义相结合，以塑造既有理想美又有现实意味的艺术形象。在创作上，新古典主义雕塑家往往选取具有斗争精神和鼓舞人心的题材，其中包括古希腊、古罗马神话中的英雄故事，并对艺术形象进行理性的简化，以追求单纯、简洁的艺术效果。在雕塑方面，新古典主义的代表人物是意大利的雕塑家安东尼诺·卡诺瓦，他的以神话为题材的雕塑作品，得到西欧贵族的欣赏，主张根据古典样式修改自然的艺术原则，并奠定了世界性的学院主义基础。其代表作有《拯救普赛克的厄洛斯》《扮成维纳斯的保利娜·波拿巴·博尔盖塞》。

1820年以后，欧洲雕塑界受到德位克洛瓦的《但丁出航》的影响而出现浪漫主义，设计师不再满足于自我感受，而是热情地肯定生活，并以它为表现的核心，力求在雕塑中再创造一个能超越个别现象的整体联系。弗朗索瓦·吕德便是19世纪杰出的浪漫主义雕塑家，代表作为法国凯旋门上的群像浮雕《马赛曲》。到了19世纪末期，欧洲雕塑逐渐向夸张和变形的方向发展，以求表现生命的运动、生命和现实的搏斗。

20世纪上半叶的欧洲雕塑呈现多种多样的风格，野兽主义、立体主义、构成主义、未来主义、超现实主义、抽象主义和新古典主义在雕塑中均有表现。构成主义受工业化、机械化的启发，并从现代化的工业生产中汲取灵感，大胆地利用工业产品以及废品、工业垃圾等作为雕塑的新材料，并力求艺术创造摆脱平淡和平庸，力求语言的新颖和独创。在表现雕塑内在运动和力量方面有突出贡献的雕塑家罗马尼亚的布朗西库，在现代美术思潮的影响下，他把传统雕塑技巧和处理材料的能力，用现代艺术去加以融合和改造，最终形成了自己的风格。他着眼于造型的纯粹性，把单纯性和表现事物的本质联系起来加以认识。其代表作有《一个青年的躯体》《波嘉尼小姐》《无尽柱》《太空之鸟》等，如图1-25所示的《太空之鸟》雕塑。

"二战"之后世界进入经济发展期，到了20世纪70年代，欧洲在考虑城市性质、机能的转换和城市形态的美观和谐方面实行了新的举措。法国在巴黎新区的设计中，充分考虑到人与建筑、环境的关系，为消除人们身处巨大建筑群中生出的疏离感，在其中设计了很多景观雕塑。雕塑类型多样、色彩丰富，体现了一种人文关怀。如图1-26所示的塞萨尔《大拇指》，安放在巴黎新区三条轴线中偏北的一条，该雕塑用12米高、18吨重的巨大体量的大拇指形象昭示着法国引领21世纪的决心。

图1-25 《太空之鸟》雕塑

图1-26 《大拇指》雕塑

1.3.2 中国景观雕塑的发展史

中国景观雕塑的发展从秦汉时期开始。随着统一的中央集权制封建国家的建立、巩固与发展，国家的财力与人力可以集中起来，为雕塑艺术的繁荣昌盛开辟了道路。秦汉时期的统治者，将雕塑艺术视为宣扬统一功业、显示王权威严、美化陵园建筑、纪念功臣将帅的有力工具，在陶塑、木雕、石雕、青铜雕塑及工艺装饰雕塑方面有着辉煌的成就。

1. 中国石窟雕塑艺术

中国环境和雕塑结合的早期作品都出现在陵墓和石窟中。秦汉时期最著名的陵园雕塑为秦始皇兵马俑和霍去病墓石雕。

魏晋南北朝时期的雕塑制作规模之大、作品技巧成熟，以及雕塑艺术对广大民众精神生活的影响都超过了前朝。以汉族为主体的国内各民族，在雕塑领域中都作出了贡献，各民族的文化相互交流、融合，有力地促进了雕塑艺术的发展和提高。佛教在这一时期居于主要地位，它吸取外来的佛教造像样式，经过众多雕塑家的创作实践，丰富了中国雕塑艺术。在帝王和贵族的陵墓建筑中占有重要地位的大型纪念性雕塑，供帝王及上层人物陪葬用的陶俑等雕塑品均展现出新的面貌与成就。这个时期有名的雕塑家有戴逵和戴颙父子。戴逵擅长佛教雕塑，戴颙受父亲影响，他在处理大型雕塑作品时技术非常熟练。

隋唐时期也是中国古代雕塑艺术的一个高峰时期，由于长安、洛阳都城等皇家宫苑和行宫的大量兴建，石窟的大规模开凿和大量寺庙的修建，出现了内容更丰富、表现范围更大、技巧更熟练的各类雕塑作品。到了唐代，陶俑的塑造在题材范围、工艺技术及表现能力方面有很大的发展。这个时期有名的雕塑家有韩伯通、宋法智等，他们重视写实和传神的能力。

中国的石窟开凿大约开始于4世纪，盛行于5～8世纪，此后渐渐衰落。石窟发源于印度，后随佛教传入中国，营造石窟的做法也随之东来。中国的石窟寺遗址大量分布在新疆、河南洛阳一带。其主要原因是由于佛教东传，传播路线主要循古代的丝绸之路，由西域入阳关而达中原。敦煌莫高窟是甘肃省敦煌市境内的莫高窟、西千佛洞的总称，是我国著名的四大石窟之一，也是世界上现存规模最宏大、保存最完整的佛教艺术宝库。这座艺术宝库经历了十六国(东晋时期)、北魏、北周、隋、唐、五代、宋、西夏、元、明、清11个朝代，如图1-27所示为敦煌莫高窟彩塑。除此之外，还有位于山西省大同市的云冈石窟(见图1-28)、河南省龙门石窟(见图1-29)也是我国佛教石窟艺术宝库。

图1-27　敦煌莫高窟彩塑

图1-28　云冈石窟

图1-29　龙门石窟

到了五代、宋元时期，我国的雕塑造像主要集中在寺观中。山西平遥镇国寺始建于北汉天会七年(963)，清嘉庆二十一年(1816)重修，位于山西省平遥县城北郝洞村。明清时期的雕塑艺术继承了唐宋的造像传统，在社会财富不断积累的基础上和改进的工艺艺术条件下前进。其中，宗教雕塑、陵墓及其他建筑中的仪卫性雕塑制造精细。清代宗教雕塑值得注意的是木雕和铸铜佛教造像的增多，这个时期的木雕作品最具有代表性的是承德普宁寺的千手千眼观音像，如图1-30所示，该观音像高22.28米，是世界上现存最大的木雕佛像。

图1-30　千手千眼观音

2. 中国仪卫性雕塑

明清时期的仪卫性雕塑是指陵墓前的古像生、宫殿园林与其他公共建筑中的石雕或铸铜的石狮与瑞兽等。这些雕塑多采用圆雕手法并成双或成组摆放，与单体建筑物上的装饰性雕塑有很大的区别。明代的陵墓雕刻多集中在北京的十三陵中，神道两旁整齐地排列着24只石兽和12个石人，造型生动、雕刻精细。

明代陵墓雕刻与唐代相比，注重绘画、玲珑精巧，但华而不实、呆板、僵硬而缺乏精神活力，以致最终陷入公式化与概念化的境地。清代陵墓石刻多分布在东北和北京周边的各个陵园中。清陵雕塑旨在宣扬统治者的文治武功、泽被四海、威武神圣，在造型上崇尚精美，柔弱无力更甚于明代。只是在现实性与理想性的统一、写实手法与装饰手法的结合，以及追求整体感又不忽视细节刻画上，还延续了唐宋以来的传统。其他散落在皇家园林、寺庙中的仪卫性雕塑却失去了原有的生龙活虎、天马行空的气势。

案例 1.3

明清仪卫性雕塑

如图1-31、图1-32所示为十三陵神道仪卫性雕塑局部景观。北京的十三陵中的石兽共分为6种，每种4只，均呈两立两跪状。将它们陈列于此，赋有一定含义。例如，雄狮威武，而且善战；獬豸为传说中的神兽，善辨忠奸，惯用头上的独角去顶触邪恶之人，狮子和獬豸象征守陵的卫士。麒麟为传说中的"仁兽"，表示吉祥之意。骆驼和大象忠实善良，并能负重远行。骏马善于奔跑，可为坐骑。石人分勋臣、文臣和武臣，各4尊，为皇帝和生前的近身侍臣，均为拱手执笏的立像，威武而虔诚。在皇陵中设置这种石像，主要起到装饰、点缀的作用，以象征皇帝生前的威仪，表示皇帝死后在阴间也拥有文武百官及各种牲畜可供驱使，仍可主宰一切。

图1-31　人物类仪卫性雕塑　　　　　　　　图1-32　兽类仪卫性雕塑

3. 明清时期的建筑装饰雕塑

明清时期的建筑装饰雕塑的发展略有提高，它以独特的艺术语言创造形象，以满足人类物质与精神的需求。建筑装饰雕塑仿佛是点缀的装饰音符，其作用是为了让人们的眼睛感到愉悦、心灵获得放松和休息。

明清时期的建筑装饰雕塑现今保存下来的较多，也比较完整，其中包括石雕、砖雕、木雕等。明清宫殿、天安门广场的华表、明十三陵和清东西陵的华表、石坊等都雕刻有大量花纹装饰纹样；至于砖雕、木雕则遍布全国各地，雕刻题材多为人物故事、花鸟图案等。

4. 中国现代雕塑

到了近现代，西方思潮的涌入改变了我国单一的建筑装饰雕塑艺术风格，为我国建筑装饰雕塑的发展增添了新的装饰语言，注入了新的活力。我国建筑装饰从封闭走向开放，逐步与国际接轨。

出现在宫廷园林、寺庙、陵墓和官颁牌坊的雕塑，多以龙凤、云水为主体或以百兽、飞鹤为主体。出现在佛教寺庙中的雕塑则与宗教装饰图案相结合。出现在世俗建筑物中的雕塑表现内容多为历史传说、戏文故事，其雕刻手法善于把高浮雕、浅浮雕、透雕与圆雕相结合，装饰性与写实性相比衬，装饰作用与独立欣赏价值相统一，工艺精巧、华美，充分体现了能工巧匠的高超技艺。皇家建筑装饰性雕塑以北京故宫为代表，以龙凤为主体。天安门前后的明代华表由多种雕刻手法塑造而成，主体为龙纹，具有素洁华贵之美。

 知识拓展

由于建筑装饰雕塑与建筑之间关系密切，因此它不但与其他雕塑有相同规律，而且有着自己独有的特征。它在满足人们物质生活的同时，也满足了人们的精神需求，因此，它是实用功能和审美功能的统一，又是科学技术和艺术的统一。纵观世界建筑的发展可以看出，人类的建筑活动始终伴随着雕塑艺术的创作而发展。

建筑装饰雕塑不仅美化了建筑，同时也起到了重要的承载作用。传统的建筑雕塑主要是为宗教、政治服务，而现代的建筑雕塑则是以文化性与艺术性为中心，以服务公众为目的。

在宗教方面，建筑装饰雕塑起着不可低估的作用，不论是东方的佛教艺术还是西方的基督教艺术，都运用这种依附在建筑上的装饰雕塑以及其他的艺术形式来传播教义和教规。在环境美化方面，建筑装饰雕塑功不可没。现代社会中，随着城市建设的快速发展，建筑装饰雕塑也得到了发展。它不再仅仅依附于建筑，对建筑进行装饰和美化，而是更注重配合环境的总体规划和建设的总体布局，甚至与建筑融为一体，成为一种崭新的艺术表现形式。以雕塑的方式来装饰建筑日益受到了人们重视，由此创造出了富有雕塑感的建筑艺术，或者实现了建筑的雕塑化，在为城市增添文化内涵的同时，也美化了城市的环境。在公共环境中，建筑装饰雕塑所雕饰的内容、色彩、形态等，在传达视觉美感、使人产生不同的心理感受的同时，又能弥补建筑上、视觉上，或空间结构上的某种缺陷和不足，从而创造出富有吸引力和生命力的新空间、新环境和新氛围，最终达到美化、装饰环境的目的。

如图1-33所示的沈阳的"九一八"纪念馆就是以日历的形式，构建了一个巨型雕塑，上面刻着1931年9月18日，雕塑内部则是一个三层的展览室，陈列着有关"九一八事变"的资料，作品把纪念碑和展览馆的双重功能进行了巧妙结合，使建筑与雕塑合二为一，既有使用功能，又不缺乏精神内涵与纪念意义。

图1-33 沈阳的"九一八"纪念馆

中国与西方有着不同的文化和传统，有着相异的历史发展进程，从而形成了各自的审美情趣与要求，并在建筑装饰雕塑方面也表现出两种不同的文化差异。

中国古代的雕塑艺术追求"物我合一""天人合一"的精神境界，形成了东方独特的审美观和造型观。受儒家和老庄思想、传统文化、历史背景的影响，中国的造型艺术自古以来就注重"气韵、传神"，注重写意，善于运用夸张、寓意、象征的表现手法，造型生动，以形写神，追求一种精神美、意象美，形成了中华民族独特的艺术造型语言。传统装饰雕塑注重表现建筑的空间结构状态，建筑上雕刻着具有象征意义的动物或植物，如龟、鹤等象征着长寿，花瓶象征着平安，鸾凤象征着婚姻美满。此外还有通过神话传说、文学典故加以表现的，如和合二仙、刘伶醉酒、八仙过海等。

相比东方的写意，西方的建筑装饰雕塑善于写实，偏重于对象的形体塑造、体积和量感，因为他们受不同文化传统、理性的哲学思维和基督教文明的影响。西方建筑装饰雕刻的表现手法受希腊古风时期、罗马时代的影响，人体成为建筑雕刻经常表现的内容，崇尚人体美，追求再现写实风格。

1840年以后，列强入侵中国，并创建了一些带有欧洲写实主义的艺术雕塑。而中国的一些雕塑家也在国外学成归来，在国家内忧外患、财力物力极度缺乏的情况下，创作了一批纪念性雕塑和室内雕塑，题材多为政治家、抗敌英雄等。

中国古代园林很早就有雕塑装饰。汉武帝时建章宫北太液池畔有石鱼、石龟、石牛、织妇，还有铜八仙立于神明台上。现在颐和园宫门前的铜狮，庭院中布置的铜鹤、铜鹿，既是造型优美的艺术珍品，又是庭院的组成部分。在自然风景区，经常利用天然岩壁洞、穴雕凿佛像。近年来，中国各地园林中也设置了各种类型的雕塑，这也就是现在人们所说的景观雕塑。

现代园林是在有限的空间内创作丰富耐看的景观，以满足观者的审美心理需要。作为具有深厚文化传统的中华民族，开发与运用传统文化资源，促进中国现代园林雕塑艺术的发展极为重要。园林是实现人与自然和谐共处的理想场地。在园林景观发展史上，雕塑一直扮演着重要角色。园林雕塑是一种环境艺术，介于绘画和建筑之间，它的表现需要衬托和依附。在传统园林中，雕塑大多用于装饰。随着时代的进步和艺术的发展，雕塑不仅是环境的点缀装饰，而且与现代园林景观融合在一起，本身就是一个崭新的"景观"，是环境内在的"形态"，是园林艺术的视觉中心及点睛之笔。

如图1-34所示的北京国际雕塑公园中的环境保护手掌雕塑，雕塑与园林景观结合在一起，两个手掌围绕着绿地花卉，代表了人类要爱护花草树木，共同维护地球的绿色生态环境，无论对大人还是对小孩都非常有教育意义。设计师用一种点睛之笔创作了此作品。

图1-34　环境保护手掌雕塑

知识链接

北京国际雕塑公园位于北京市长安街西延长线石景山东部，总规划面积162公顷，是一个国家级的雕塑文化艺术园区，现已成为北京市最大的雕塑主题公园，更是"人文奥运"理念中一幅鲜活生动的图画。北京国际雕塑公园于2002年9月正式开放，跻身北京十大精品公园之一，可谓是21世纪北京城市文化建设的开篇力作。

传统景观雕塑所使用的材料大多是石材、木材和金属，随着工业社会带来的物质材料的极大丰富，雕塑家开始在自然中寻找岩石、泥土、树叶、青草、水、废旧物品等材料，用其做成雕塑，使雕塑更好地与城市的景观联系在一起。有时，雕塑家也会利用一些自然现象(大地艺术)和现实生活中的物品(波普艺术)做成雕塑。立体派纯形式的理想被纸浆、布片、废纸和麻绳所代替。如图1-35所示的《苦艾酒杯》雕塑是用蜡模翻制的青铜作品，上面放置了一把真正的汤匙来平衡整个雕塑。

图1-35　《苦艾酒杯》雕塑

1.4　综合案例：风中的花瓣

如图1-36所示，长沙梅溪湖国际文化艺术中心位于国家级长沙湘江新区，由扎哈·哈依德设计，总投资28亿元，总用地面积10万平方米，总建筑面积12万平方米，包括4.8万平方米的大剧院和4.5万平方米的艺术馆两大主体功能。大剧院由1800座的主演出厅和500座的多功能小剧场组成；艺术馆由9个展厅组成，展厅面积达1万平方米，能承接世界一流的大型歌剧、舞剧、交响乐等高雅艺术表演。它将是湖南省规模最大、功能最全、全国领先、国际一流的国际文化艺术中心，填补全市和全省高端文化艺术平台的空白。

梅溪湖国际文化艺术中心是建筑大师扎哈·哈依德(见图1-37)在中国的最后一个作品，该项目建设了一个能够展示扎哈建筑大师精髓的户外雕塑景观，具备引导功能，又可以与建筑完美契合，成为城市精神的代言、城市形象的名片，并能够既兼顾艺术中心演出信息发布，又兼顾城市公益宣传。

图1-36　梅溪湖国际文化艺术中心

图1-37　建筑大师扎哈·哈依德

如图1-38所示，车流动线较为标准，点位位于西南角，南北向车流比较迎合点位，距离点位较近，可视时间较长，无明显视觉遮挡。东西向车流可视时间一般，车辆距离点位较远。

艺术中心园内人流动线特点则以建筑布局为依托，以发散汇聚的形式呈现，很好地迎合了景观，带给游客高效的游览体验。媒体点位位于入口区，到达率高，受众时间较长。

北向视角(黄色)为优质媒体视角，可视时间长，可视画面完整。东西向视角(橙色)为良好媒体视角，可视时间一般，但在路口等候时间较长，可近距离观看媒体。南向视角不好，有车流遮挡，属于反向观看媒体，媒体设置时应着重考虑。

雕塑"风中的花瓣"是王鹏老师根据项目实际要求将宣传媒介与雕塑景观完美契合的

尝试，设计上力求较好地融合城市文化需要，使之成为城市形象的名片；造型风格上保证与主建筑高度统一，达到东西南北四个方向视角的美观度；媒介技术上利用曲面LED屏很好地配合雕塑造型，通过特定的弧度来满足钢结构要求，最大化节省空间，实现安全、高效、智能、绿色的设计初衷，如图1-39所示。

图1-38　艺术中心交通图

图1-39　"风中的花瓣"效果图

设计来源为花瓣、曲线、涟漪，形式风格为流线型、水的运动，组合方式为正反平衡、景观辅助，媒体画面包括两面看、竖向展示，如图1-40所示和图1-41所示。

项目草图及施工图如图1-42和图1-43所示。

图1-40 项目灵感1

图1-41 项目灵感2

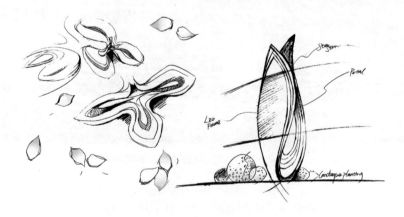

图1-42 项目草图

图1-43　项目施工图

　　景观雕塑是一种环境艺术，与环境有着密切联系。随着时代的发展，景观雕塑无论在选材上，还是在造型艺术上都不断创新、不断探索。设计师力求创作出更优秀的作品。本章主要介绍景观、景观雕塑的定义、景观雕塑的主要特征，以及国内、国外景观雕塑的发展情况。通过学习本章内容，学习者能够对景观雕塑有初步认识，为以后的学习打下扎实基础。

一、填空题

1. 景观设计是指建立在环境艺术设计概念之上的艺术设计门类，其内容涉及_____、_____、_____、_____、_____等专业。

2. 景观设计学是一门综合性、实践性的学科和技术，其核心是_____。

3. 现代景观雕塑的表现手法、材料、构图立意更加_____，更有_____，使雕塑与环境、雕塑与人的距离拉近，慢慢形成了独立的景观雕塑。

4. 景观雕塑可以起到_____、_____、_____的作用。

5. 景观雕塑公共性是指_____。

二、选择题

1. 芝加哥千禧公园建成的云门是由(   )的设计师设计。

    A. 美国   B. 英国

    C. 中国   D. 法国

2. 景观雕塑的美的形式分(   )。

    A. 内在形式   B. 较强形式

    C. 较弱形式   D. 外在形式

3. 景观雕塑具有(   )特征。

    A. 公共性   B. 环境性

    C. 强制欣赏性   D. 形式性

4. 胡夫金字塔坐落在(   )。

    A. 巴基斯坦   B. 阿拉伯

    C. 埃及   D. 古巴

5. 兵马俑创作于(   )。

    A. 秦朝   B. 隋朝

    C. 汉朝   D. 唐朝

三、问答题

1. 简述景观、景观雕塑的基本概念。

2. 简述国外、国内景观雕塑的发展史。

第2章

景观雕塑的类型及功能

学习目标

- 了解景观雕塑的类型。
- 熟悉景观雕塑的功能。
- 掌握景观雕塑的特点。

 案例导入

垃圾箱雕塑

在城市的公园或其他公共场所都有垃圾箱，方便人们丢弃垃圾，也为共同维护公共场所卫生做贡献。

现在一些公共场所的垃圾箱变得非常漂亮，具有欣赏价值，如图2-1所示。雕塑类垃圾箱，既不易损坏，也吸引观者，尤其是小朋友。垃圾箱的材质为木头，且箱体是一个圆筒形状，像是一个坐蹲。上方摆放着各种各样的小动物，张开口等待着人们喂养它。整个雕塑设计既风趣幽默，又具有功能性。

图2-1　垃圾箱雕塑

2.1　景观雕塑的类型

景观雕塑是时代、思想、感情、审美、观念的结晶，是社会发展形象化的记录。景观雕塑按类型可分为三种：圆雕、浮雕和透雕(镂空雕)。

2.1.1　圆雕

圆雕就是指非压缩的，可以多方位、多角度欣赏的三维立体雕塑。圆雕作为雕塑的造型手法之一，应用范围极广，也是人们最常见的一种雕塑形式。它是与被表现对象相似的、占有空间的实体构成的雕塑个体或群体，是在各个可视点都能感觉到其存在的可视实体。圆雕一般不带背景，它主要通过自身的形象和与之相协调的环境构成统一的艺术效果，集中、简练、概括地表达主题思想，从而打动人们。圆雕一般放置在可供四面观赏的环境中，也有出于宗教等原因和环境本身的限制，只允许或要求一个或几个观赏面，如石窟艺术和庙宇中佛像和壁龛等建筑雕塑中的圆雕，如图2-2所示的《卢舍那大佛》。圆雕内容与题材丰富多彩，可以是人物，也可以是动物，甚至是静物；材质上更是多彩多姿，有石质、木质、金属、泥塑、纺织物、纸张、植物、橡胶等。

图2-2　《卢舍那大佛》

　　圆雕呈立体状，人们可以从多角度欣赏它。如图2-3所示的查德金的《被毁灭的鹿特丹市》，虽然只是一个夸张扭曲的人体，但人们可以通过不同的角度欣赏到扭曲的形体带来的视觉张力，人物的动态表现出了战争给人们带来的悲痛。

图2-3　《被毁灭的鹿特丹市》

　　如果是群像，人们绕雕塑一圈，则可以看到前后、左右各个人物的不同动作和神态，从而展开丰富的联想。

《加莱义民》

　　如图2-4所示，罗丹的《加莱义民》分为两组，前边三个人一组，后边三个人一组，他们身材相似，站立在一起，中间一个头发稍长，眼睛向下凝视，是最年长、最有声望的欧斯达治，他迈着沉重的步伐向前走去，不看四周，也不迟疑和恐惧，他那刚毅的神情，显示了内心的强烈悲愤与牺牲的决心，同时也鼓舞着人们。最右边的那个年轻人，皱起的双眉和紧抿的嘴唇流露着悲愤，两手紧握着城门钥匙，他茫然地看着远方，似乎感到命运的不公平，在心中无声地抗议。右边第三个义民，死亡使他恐怖，他用双手遮住眼睛，似乎想驱散噩梦，但仍不能摆脱悲惨的命运。左边第二个，内心表现出无比愤怒，那举手向天的手势，不是祈祷，而是对上帝未能主持正义的谴责，他目光向下凝视，半开着口似乎要说些什么。他身边的一个义民年纪较轻，充满爱国情怀，但由于想到转瞬间将离开人世，又不免产生生离死别的悲愤情感，他皱起眉头，摊开双手，表现出无可奈何的神态。在他们身后的一个义民两手抱头，陷入无比的痛苦之中。虽然后面的三个义民没有前面三个那么坚定、勇敢，但他们仍然为了全市人民作出了自我牺牲，这种壮举同样值得尊敬。群像富有戏剧性地排列在一块像地面一般的低台座上，这6个义民的造型独立，然而其动势又相互联系着。组雕是一个整体，是一个展示可歌可泣的义举形象的整体，要绕雕塑一圈，才能看到群像的全貌和每个人物的精神状态。

图2-4　《加莱义民》

由于圆雕的表现手段极为精练，因此它要求高度概括、简洁，要用诗一般的语言去感染人们。正因为如此，硬要它去表现过于复杂、过于曲折、过于戏剧化的情节，将无法表现圆雕的特点。圆雕常常以寓意和象征的手法，用强烈、鲜明、简练的形象表现深刻的主题，让人难以忘怀，如矗立在俄罗斯伏尔加勒玛耶夫高地上的《祖国母亲》(见图2-5)和莫斯科全苏农业展览会的《工人和集体农庄女庄员》(见图2-6)。

图2-5　《祖国母亲》

图2-6　《工人和集体农庄女庄员》

形状起伏是圆雕的主要表现手段，如同文字之于文学、色彩之于绘画。雕塑家可以根据主题的需要，对形体起伏进行大胆夸张、舍取、组合，不受常态的限制，例如，马约尔的《河流》《地中海》等，如图2-7、图2-8所示。

图2-7 《河流》 图2-8 《地中海》

圆雕的手法与形式多种多样，有写实性的与装饰性的、具体的与抽象的、户内与户外的、架上的与大型城雕、着色的与非着色的等。

2.1.2 浮雕

浮雕是雕塑与绘画结合的产物，常用压缩的办法来处理对象，靠透视等因素来表现三维空间，是介于圆雕与绘画之间的一种艺术形式。浮雕只有一个观赏面，以一块底板为依托，是由占有一定空间的被压缩的实体构成的雕塑个体或群体。浮雕中表现的形体和底板平行的二维尺度长宽的比例不变，只压缩形体的厚度。压缩的原则是根据透视的规律，按比例近高(厚)远低(薄)，在限定的空间(厚度、深度)内表现出更大的形体。浮雕的底板作背景处理，可加大作品的空间深度。浮雕按压缩的程度可分为高浮雕、浅浮雕。

1. 高浮雕

高浮雕由于起位较高、较厚、形体压缩程度较小，因此，其空间构造与形态特征更加接近圆雕，甚至有些局部的处理完全采用圆雕的处理方式。高浮雕往往利用三维形体的空间起伏或夸张处理，形成浓缩的空间深度感和强烈的视觉冲击力，使浮雕艺术对于形象的塑造具有一种特别的表现力与张力。如图2-9所示，法国戴高乐广场凯旋门上的浮雕建筑为高浮雕。艺术家将浮雕与圆雕的处理手法综合运用，充分表现出人物错综复杂的、高低起伏变化的关系，给人以强烈的、扑面而来的视觉冲击力。

高浮雕以高起伏的处理手法，使其在光线的照射下产生强烈的光影变化，犹如波涛汹涌的大浪，给人以强烈震撼的感觉。所以，高浮雕适合表现大题材，放置在室外环境中。

图2-9 凯旋门浮雕

2. 浅浮雕

浅浮雕起伏低，形体的压缩较大，平面感更强，更大限度地接近于绘画的表现形式，或采用等比例压缩的手法来营造抽象的错觉空间，这有利用加强浮雕适合于载体的依附性。美索不达米亚的古亚述人，也许是最擅长用于此手段进行艺术表现的艺术家。在一系列的《亚述人狩猎图》中，他们很好地利用浅浮雕手法，富有节奏感和韵律感地表现出充满生气的艺术形态。如图2-10所示的《受伤的牝狮》是最精彩的部分，它描绘的是亚述王亚述巴尼帕王猎狮的情景。身中三箭的牝狮满身鲜血，后半身瘫痪在地，似乎已在死亡的边缘苦苦挣扎。但它仍撑起前脚，痛苦却不屈服地昂首怒吼，极其悲壮。浮雕的线条准确、生动，对于瞬间动态的把握更是精妙，它突出地体现了亚述帝国艺术家善于细致入微地刻画形象的艺术才能。同时，在这受伤的牝狮的身上，似乎也流露出亚述人对顽强、刚毅性格的赞赏。

图2-10 《受伤的牝狮》

浅浮雕起位较低，在光线的照射下会产生柔和的光影变化，像涓涓细流的小河，适合作为装饰放置在室内。

线刻是绘画与雕塑的结合，它靠光影产生一些微妙的起伏，给人一种淡雅、含蓄的感觉，如中国的汉画像砖。

2.1.3　透雕

去掉底板的浮雕则称透雕(镂空雕)。浮雕去掉底板，从而产生一种变化多端的负空间，并使负空间与正空间的轮廓线有一种相互转换的节奏。过去这种手法常用于门窗、栏杆、家具上，有的可供两面观赏，是在浮雕的基础上镂空背景部分，是介于圆雕与浮雕之间的一种雕塑，如图2-11所示的《彩绘透雕小座屏》。透雕从艺术效果上分为单面雕和双面雕。

图2-11　《彩绘透雕小座屏》

2.2　景观雕塑的功能

景观雕塑按其功能，可分为五种类型：纪念性景观雕塑、主题性景观雕塑、装饰性景观雕塑、功能性景观雕塑和陈列性景观雕塑。

2.2.1　纪念性景观雕塑

纪念性景观雕塑以历史上或现实生活中的人或事件为主题，也可以是某种共同观念的永久纪念，用于纪念重要的人物和重大历史事件，例如，北京天安门广场的人民英雄纪念碑雕塑。这类雕塑通常建在具有重要意义或者比较醒目的场所，如城市大型广场、建筑物的醒目位置、历史遗迹等。这些具有特殊意义的雕塑往往会变成所在城市、建筑物或机构的标志，成为社会教育、反映时代精神的场所。此外，这类雕塑一般与碑体相配置，或者雕塑本身就具有碑体意识。纪念性雕塑的重要特征是主体鲜明，主要纪念的是重要的历史事件或者人物。一般大型的纪念性雕塑不仅是雕塑本身，还附带有建筑、自然事物等。这些元素之间相互依托、相互映衬，很好地体现了雕塑的意义。在大型纪念性雕塑周围的环境元素，都以雕塑为主体，其他元素为其服务，共同达到传递纪念意义的功效。纪念性雕塑的历史十分悠久，在古埃及时期就有巨大的狮身人面雕塑，用来纪念法老的功绩。早期的纪念性雕塑主要是为统治者和宗教歌功颂德，现在的纪念性雕塑更多的是为大众服务，表现的题材大多是时代精神、社会变迁等。

我国西汉名将霍去病的墓冢位于陕西省兴平县东北约15千米处，该墓冢底部南北长105米、东西宽73米，顶部南北长15米，东西宽8米。可辨识的像生14件，其中有3件各雕两形，总共有生物17体，不同物象12类，有怪人、怪兽吃羊、卧牛、人抱兽、卧猪、跃马、"马踏匈奴"、卧马、卧虎、卧象、短口鱼、长口鱼、獭、蝠、左司空刻石和平原刻石等。石刻依石拟形，稍加雕琢，手法简练，个性突出，风格浑厚，是中国现存时代最早、保存最完整的大型石雕艺术珍品。其中"马踏匈奴"为墓前石刻的主像，长1.9米、高1.68米，由灰白细砂石雕凿而成。石马昂首站立，尾长拖地，腹下雕的是手持弓箭、匕首长须仰面挣扎的匈奴人形象，是最具代表性的纪念碑式的作品。

如图2-12所示为比利时最大的港口城市安特卫普具有标志性的纪念性雕塑。传说古罗马侵略者唆使一位名叫安蒂贡的巨人在当地大肆掠夺，然后把财富运到海外。有位名叫布拉博的勇士挺身而出，力战巨人，终于打断了巨人的左手，并将其抛入河中。于是，耸立在市政广场的这座纪念性雕塑便塑造了一位全身裸露的勇士，他站在由女神、船和城堡搭成的高高的基座上，举起巨人的断手，正用力将其抛入河中。古老的传说经雕塑家之手，凝固成一个静止而又传神的具体画面。它所传达的不仅是故事本身，更多的是通过具有一定思想性和视觉冲击力的雕塑形态，体现了安特卫普市的城市精神。

图2-12　比利时安特卫普市雕塑

2.2.2　主题性景观雕塑

主题性景观雕塑是某个特定地点、环境、建筑的主题说明，因此必须与这些环境有机地结合起来，并点明主题，甚至升华主题，使人们明显地感到这一地区环境的特性，通常具有纪念性、教育、美化、说明等意义。主题性景观雕塑揭示了城市建筑和建筑环境的主题，作为三维空间的造型艺术，延续历史文脉，传承文明传统，记录社会生活，张扬时代精神。它通常是城市某个中心或某一特定区域的焦点，可提升城市广场的文化口碑，使之成为景观中最具魅力、最耐人寻味的部分，推动城市文明的进步。与纪念性雕塑相比，主题性雕塑相对轻松，表达的题材不那么严肃，它们通常运用比较形象的艺术语言，并用象征和寓意的手法揭示特定环境所要表达的主题，能够很好地补充环境中其他元素无法表达的思想。

如图2-13所示为青海湖自行车赛雕塑。第八届环青海湖国际公路自行车赛于2009年7月17日至26日在青海举行，来自五大洲的21支车队齐聚青海湖展开角逐。设计师设计一系列比赛的主题性雕塑，以运动、团结、友好的口号欢迎各方面人士。

图2-13　青海湖自行车赛雕塑

2.2.3　装饰性景观雕塑

装饰性雕塑是景观雕塑中数量较多的一类，也是景观雕塑中主要的组成部分。这类雕塑比较轻松、欢快，经常带给人们美的享受，也被称为雕塑小品。装饰性的景观雕塑的主要目的是美化生活空间，它小到一个生活用具，大到街头雕塑，所表现的内容极广，表现形式也各式各样。它创造了一种舒适而美丽的环境，可净化心灵，陶冶情操，培养人们对美好事物的追求。通常所说的园林小品大多属于这类雕塑。

知识链接

装饰是指附加他物并使之美观、美化的样式，其主要特征在于强调主体对客体的感觉；注重艺术规律和形式美法则；偏重趣味性，淡化情节性；注重思想化的抒情，富有浪漫主义的夸张，具有象征性表现技法的内涵和依附性的特征。装饰性的雕塑自身处于从属地位，但并不消极，而是和主体，如景观、园林、建筑共同组成完整的有机体。在为主体服务的前提下，其美的造型、美的姿态和美的构图是至关重要的。

装饰性景观雕塑分为主体装饰、建筑装饰两大类。

主体装饰性景观雕塑是独立于建筑之外的具有装饰性的雕塑，如图2-14所示的《鱼》，作品采用了典型的装饰性塑造，使作品本身具有一种简洁、单纯的美感，充分体现了鱼儿自由自在的生活。《鱼》雕塑安放在公园池塘边。栏栅上布置着《鱼》型雕塑，既装饰栏栅，又吸引人们的注意，使得整个装饰雕塑突出主题，又有艺术情趣。

建筑装饰性雕塑从属于建筑的特性，决定了它要服务于建筑造型和建筑形态空间意境与气氛。但它不是消极的，如果缺少了它，建筑形态会变得不完整。

图2-14 《鱼》雕塑

如图2-15所示的中日甲午战争纪念馆，就是通过与建筑物的有机结合，共同组成了中日甲午战争纪念馆的主体。作品没有过分地表现细节，而是考虑到其建筑性，把雕塑中人物的衣服处理成随风飘动的装饰效果。人物手持望远镜，寓意对敌人的警惕及抗击侵略者的民族英雄的深切缅怀。雕塑与建筑成为缺一不可的整体，共同表现了一个主题。

图2-15 中日甲午战争纪念馆

2.2.4 功能性景观雕塑

功能性景观雕塑强调的是艺术性和使用功能的结合，创造出既实用又具有艺术审美的雕塑作品。在城市发展的今天，人们更注重生活环境的人性化，城市的设施更加艺术化。雕塑和公共设施有机的结合被广泛地应用，人们在使用这些公共设施的同时也在享受艺术。从私人空间(如台灯座)到公共空间(如游乐场)，功能性景观雕塑无处不在。它在美化环境的同时，也丰富了人们的生活，启发了人们的思维，让人们在生活的细节中真真切切地感受到美。功能性景观雕塑的首要目的是实用，如公园的垃圾箱、大型儿童游乐器具等。

如图2-16所示的《蘑菇亭子》雕塑，坐落于公园等公共场所，既为人们提供休息乘凉的地方，又美化城市环境。

图2-16 《蘑菇亭子》雕塑

2.2.5 陈列性景观雕塑

陈列性景观雕塑又称架上雕塑，其尺寸一般不大，也有室内、室外之分，主要以雕塑为主体，充分表现设计师的想法和感受、风格和个性，甚至某种新理论、新想法的试验品。陈列性景观雕塑的表现手法多种多样，内容题材更为广泛，材质应用更为现代化。

陈列性雕塑是景观雕塑的一种特殊类型。景观雕塑的艺术特征要求它与周围环境相互协调统一、相互衬托。无论是纪念性的、主题性的，还是装饰性的雕塑作品，都不能任意从室内架上移植到室外而成为城市建筑环境的一部分。但是陈列性雕塑则不然，它可以移植到城市室外某一个地方，永久地陈列起来，供人们参观欣赏，而且得到人们的认可，为人们所接受。

如图2-17所示的《挣脱模具》雕塑，坐落于美国费城，由雕塑家齐诺弗鲁达基斯创作。其寓意是："我们都要挣脱种种束缚，让心灵自由飞翔。"

图2-17 《挣脱模具》雕塑

如图2-18所示的《野马》雕塑，位于美国得克萨斯州，设计师是罗伯特·格林，它是世界上最大的马雕塑，象征着得克萨斯州人自由的精神。

图2-18 《野马》雕塑

如图2-19所示的《旅行者》雕塑，位于法国马赛。艺术家卡塔拉诺布鲁诺以旅行者为灵感在法国巴黎街头创作了几组雕塑作品，它们的身体都有一部分被抹去，就像是从时光隧道突然出现一般，给游客留下更多的想象空间。

图2-19 《旅行者》雕塑

2.3 景观雕塑的特点

景观雕塑的特点有：文化积累、审美教育功能、宣传作用、空间美学、经济效果。

2.3.1 文化积累

景观雕塑与建筑、绿化共同创造出了人类美好的生活环境。作为公共艺术的城市雕塑，是人文景观的重要组部分。

在许多城市，有关纪念历史上重大事件和杰出人物的雕塑非常多，欣赏这些雕塑如同阅读一部形象化的历史画卷，千百年后，人们可通过这些雕塑认识历史。景观雕塑普及了历史文化，被称为用青铜和石头谱写的编年史。例如，西班牙首都马德里的83座纪念碑，所纪念的大事件就有18世纪末的一场大火灾及19世纪的对法战争，所纪念的人物有伊丽莎白女王、菲利普三世、阿方索十二世、航海家哥伦布、伟大作家塞万提斯、诗人克维多、作家卡尔多、演说家杜维罗、画家委拉斯贵支和戈雅、诺贝尔医学奖获得者拉蒙·卡哈、当代文学家帕洛哈、现代教育家马纳雍和"一战"中的战十班长诺巴等，几乎跨越了西班牙几百年的历史。

作为文化的构成部分，景观雕塑艺术代表了某一城市、地区的文化层次和精神面貌。一些文化名城千百年间积淀下来的优秀景观雕塑作品，以永久的可视形象使每一个进入所在环境的人都沉浸于浓厚的文化氛围之中，感受到城市的艺术气息。圣波得堡市众多出色的景观雕塑，如叶卡杰琳娜二世纪念碑、海军部群像、亚历山大石柱、冬宫男像柱、苏霍洛夫像、库图佐夫像和列宁像、基洛夫像、列宁格勒保卫战青铜雕塑群等都显示了较高文化层次，给每一个来访者留下深刻的印象。所以，许多城市开始用景观雕塑营造出特定的气氛和环境，逐步展示整个城市的风貌。

某些景观雕塑，由于反映了该城市或地区历史、地理、政治、传统等特点，艺术上比较成功，受到大众的喜爱，这种现象在造型艺术中是独有的。如图2-20所示，《美人鱼》因安徒生童话而成为哥本哈根的标志；如图2-21所示，表现战斗不屈精神的《华沙美人鱼》因深入人心的民间传说而成为华沙市的代表；如图2-22所示，歌颂了战后恢复重建的《千里马》成为平壤市的象征；描写城市起源的五羊石像则成为广州的标志。一方面，雕塑的构思体现了城市或地区鲜明的特色；另一方面，雕塑的艺术形象概括、动人。

图2-20 《美人鱼》雕塑

图2-21 《华沙美人鱼》

图2-22 《千里马》雕塑

在欧美许多城市，景观雕塑既是国家文化的标志和象征，又是民族文化积累的产物。景观雕塑凝聚着民族发展的历史和时代面貌，反映了人们在不同历史阶段的信仰与追求，标志着国民价值观念及相应审美趣味的变化。中国的秦始皇兵马俑、汉代霍去病墓石雕、唐代乾陵石雕、法国凯旋门上的《马赛曲》、意大利佛罗伦萨的《大卫像》等，都代表了当时的审美趣味和文化艺术的最高成就。

知识拓展

雕塑是一个民族精神文明与物质文明最直观、最集中的表现。雕塑作为人的创造本质的一种特殊表现形态，在人类现代城市化大发展的道路上具有里程碑的意义。

2.3.2 审美教育功能

雕塑是一种积极肯定人类自身生存价值、生命意义的艺术，是人类审美理想的凸显，也是人类相互进行精神交流的一种特殊语言。优秀的纪念碑雕塑，体现了一个国家、一个民族的崇高理想，人们可以从中了解民族的过去，也真实地从中认知现实，如中国的人民英雄纪念碑。把雕塑放置在特定的区域里，不仅是单纯的艺术创作行为，更是带有直接文化意味的行为，对人们的精神具有深刻的潜移默化的作用。因而，优秀的雕塑艺术是一个国家、一个民族、一个城市的象征和骄傲，也是全人类共享的精神财富。

伟大的雕塑家安德烈·委罗基奥(Andrea Verrochio)和多纳泰罗(Donatello)创造的两尊骑马像，其永恒的光辉给人们留下深刻印象。景观雕塑就是这样潜移默化地以艺术的高尚趣味去影响人们，陶冶人们的情操，培养人们的审美情趣，提高了人们的审美格调和文化素质。

在城市的适当场所安置景观雕塑实际上是进行审美教育的一种形式，其功能有两个方面，一方面是审美功能，另一方面是非审美功能。景观雕塑的审美教育功能可以培养人们的审美能力，提高人们的人文素质，除此之外，景观雕塑不仅对城市环境有美化作用，同时对人的行为产生潜移默化的作用，包括心理感觉和生活行为。景观雕塑在性质上带有明确的文化意图，依存于其所处的文化背景。优秀的景观雕塑总能经受历史的考验，产生震撼人心的精神效能。也就是说，存在于艺术躯体中的精神信息具有某种冲击力量。现在国际上许多著名的城市问题专家和社会心理学家都希望，各国政府在解决城市生活的心理冲突时应使用心理调适的手段，尽量引导人们摆脱因为城市高速发展带来的社会问题。在这种公共政策的指导下，城市建设的决策者应该注意公共艺术的巨大美育和疏导作用。城市的发展需要雕塑，雕塑艺术可以提高人的精神与文化水准，给人以美好享受，使人类的灵魂得到净化，实现育人的综合目的。城市里的景观雕塑通过实体材料所构成的具有感染力的造型，以渐进、反复渗透的审美方式潜移默化地发挥和引导美育功能。

景观艺术的语言是以物质材料为载体的一种特殊情感语言，它与观众进行情感沟通的渠道既有具体的，也有抽象的、象征性的，但都是一种深入、内在、本质的艺术语言。在优秀的雕塑艺术品前，深刻的体会和感受能激发人们强烈的美感，给人留下深刻的印象。正如屠格涅夫(Turgenev)在观看佩加蒙(Pergamon)祭坛雕塑时所感受到的"我多么幸运，我没有在饱享此番眼福之前死去，我看到了这一切……"这正是雕塑发挥美育功能的理想效果。因为当伟大的、神奇的力量创作出惊世之作时，也必须有真正能领悟雕塑内涵的欣赏者，这种审美价值才能得以充分体现。

城市公共艺术中，音乐、美术以及建筑艺术等，能使人们在审美情绪的发生和发展过程中建立高雅与和谐的心理调节机制，于是，景观雕塑必不可少。景观雕塑打破了几何建筑造型的常规，对人们因拥挤和劳累而产生的焦躁情绪有良好的缓解作用。景观雕塑点缀环境，和周围景观相互配合，使空间环境更加丰富、更有层次感，并富有美感。在一些规模宏大的高楼层、高密度环境里，人们往往感到自身的渺小，心理上承受着无形的压力，而景观雕塑常常可以成为人与环境之间在尺度上的过渡，进而产生亲切感。

如图2-23所示的景观雕塑，在小区中放置这样一个雕塑，是想告诉人们不要随意乱丢垃圾，要爱护环境，起到了宣传教育的作用。雕塑的造型自然，从桶中倒出来的垃圾流到地上，整个线条流畅自然，使得雕塑具有美感。

图2-23　倒垃圾雕塑

案例22

《斜倚像》雕塑

图2-24所示的作品名为《斜倚像》，罗马大理石像，长220厘米，由英国现代雕塑大师亨利·摩尔创作。雕塑的构图单纯，主题明确，近乎抽象的形体也显得简洁明了。两米多长的雕像比较清楚地显示出了人体大致的比例关系，身上被凿出的两个大窟窿是摩尔常用的表现手法，仿佛是人的骨架主体部分的结构空间。整个雕像是一个贵族妇女，呈斜倚的姿势，头部微向上仰起，乳房高耸，略似古墨西哥的雨神。根据雕塑史学家的考证，摩尔创作这件作品的最初灵感，确实来自玛雅文化中的雨神侧卧像。

雕塑中引人注目的"洞"是摩尔独特的艺术创作手法。这些"洞"在他有意识的安排下，一方面扩大了雕塑的内在张力，使人们真切地感受到了人体的自然构成；另一方面强调了雕塑中不同部分的联系，提示雕像与空间的关系，增加了三度空间感，使观众在对雕塑不同视点进行观赏时，能够感受到雕像形体和背景的不同变化，从而产生出美的意境。在摩尔的手下，一个虚空的洞往往与实体具有同样的造型意义，达到了"虚实相生"的境界。

图2-24　《斜倚像》

2.3.3　宣传作用

景观雕塑是在原始社会后期和奴隶社会初期出现的，最初的功能是发挥其宗教的(魔法、巫术)效应。从狮身人面像、雅典卫城的雕塑、中世纪教堂雕塑，到印度教寺庙装饰雕塑、非洲部落的图腾柱和中国石窟造像，都是服务于宗教目的。这种现象一直延续到20世纪末。雕塑艺术成为宣传教义、普及宗教、巩固神权的有力武器。四川大足宝顶山摩崖造像就是其中的代表作，如图2-25所示。

图2-25　摩崖造像

尘世的王权统治与天堂的神权统治原来是合二为一的。后来，世俗权利不断上升，也抓紧了雕塑这个形象手段为自己树碑立传。于是，罗马帝国的图拉真纪念柱出现了，梯度凯旋门、君士坦丁凯旋门出现了，许多骑马像出现了。欧洲君主集权时代再次掀起为皇帝贵族造像的热潮。法国巴黎凡尔赛宫除路易十四的骑马像外，各处雕塑的最主要题材——阿波罗，正是这位自称太阳王独裁君主的象征。登上统治地位的阶级无不运用城市雕塑艺术树立自己的形象，提倡自己的思想。俄国十月社会革命后，列宁更加明确地提出纪念碑宣传计划，用雕塑艺术宣传共产主义精神。城市雕塑艺术成为造型艺术诸品种中政治色彩最强烈的一种。

　　上述的宗教和政治两方面，都是指主持人、委托人的意旨和设计师本人的意图。而在客观上，雕塑所反映出来的并不简单地等于这些。设计师在一定时代背景下社会生活中的深层意识往往超越了雕塑题材的外在，突破了宗教政治的束缚，折射出了时代的潮流，这是潜在的，也是本质的，是最具生命力和最感人的。这种想象在古今中外一些优秀的雕塑中屡见不鲜。唐代乾陵、顺陵墓前的巨大蹲狮和走狮(见图2-26)，以其气吞山河的态势和雄健饱满的形体力度，浸透了盛唐时代的自信和气魄。巴黎凯旋门的巨型浮雕《1792年马赛义勇军出发》(见图2-27)也不再被歌颂拿破仑的政治要求所束缚，而是洋溢着大革命时代人民的激情。所以说，景观雕塑是时代的记录、社会的镜子。

图2-26　走狮

图2-27　《1792年马赛义勇军出发》浮雕

2.3.4　空间美学

　　建筑和环境的艺术语言是象征的、概括的、朦胧的，而雕塑的艺术语言可以是鲜明的、具体的。因此，它能赐予环境以鲜明、确切的思想性，用形象来突显建筑或自然环境的朦胧主题。北京天安门广场由于人民英雄纪念碑的建立而更加鲜明地突出它在中国近代史上的历史地位。纽约市罗科菲勒中心下沉广场中布置的优美的景观雕塑《普罗米修斯》，无疑也是阐述环境的卓越，它隐喻了主持者以这位盗天火造福人类的英雄的命题。

　　人们通常可以看到由景观雕塑体现建筑或环境的功能和性质，如军事博物馆的门前竖立着陆海空三军战士和民兵的雕像，体育场的周围布置着运动员的雕像。然而，说明性仅仅是景观雕塑的基本功能。优秀的雕塑绝不能限于为建筑或环境作图像说明。通过间接的、含蓄的途径来加以暗示和隐喻，就要高明一些。莫斯科某工程物理研究所门前的一块浮雕把人类征服原子能比作驯服野马，构思极其巧妙。

　　用景观雕塑统率和组织空间，也能收到良好的视觉效果。在水平构图的空间，以城市雕塑的垂直线来统率环境空间，是行之有效的手段。圣彼得堡宽广的冬宫广场(见图2-28)，冬宫与"总参谋部"建筑均为水平的横向构图。广场中央高达47米的亚历山大石柱与之形成强烈对比，并很成功地统帅了这个巨大的空间。

图2-28　冬宫广场

在一些比较大的环境空间中，还可以用圆雕或浮雕来组合或分割空间，用雕塑来创造流动空间。在长空间的尽头，用雕塑作为空间的终结。

景观雕塑经常在环境中发挥导向作用，以突出某些部分。建筑或环境的正入口往往是被突出的重点。中国古建筑门前、殿前的蹲狮，欧洲古典主义建筑的山墙浮雕都把视线引向建筑物的正门。古埃及阿布辛伯庙则以四尊硕大的拉美西斯二世坐像突出了正入口。中国古代陵墓的神道排列着文臣武将、吉禽瑞兽的石雕群，与古埃及卜纳克神庙门前的羊首狮身像的行列都引导着众多朝圣和膜拜的人群，同时又不断地对他们的心理施加影响。现代建筑大师格罗比乌斯设计的德国具有代表性的现代建筑——巴塞罗那国际博览会会馆，进入院内就可以看到水池中的一座女人雕像。她的形态就起了导向作用，人们顺着她手臂指引的方向进入展厅。有时，门和窗直接被作为突出的部分加以雕塑，装饰成为著名的雕塑艺术品，如基培尔提创作的佛罗伦萨洗礼堂的两扇青铜浮雕门，被米开朗琪罗称为"天堂之门"，如图2-29所示。罗丹为工艺美术馆创作的《地狱之门》(见图2-30)，虽然经过37年的反复修改而未最后完成，但已成为世界雕塑史上的不朽珍品。

图2-29　佛罗伦萨青铜浮雕门

图2-30　《地狱之门》雕塑

　　景观雕塑可以完全不被实用功能所束缚，可随心所欲地安排形体，是具有强烈的感情交流的媒介。庙宇中的佛像使人与神秘的环境有了感情的沟通。雅典卫城市的雅典娜铜像、女像柱、浮雕等构成了人和神的国度之间的感情桥梁。古代建筑如此，现代建筑也是如此。巴黎市郊德方斯新区的现代建筑群使人倍感冷漠，一下班便匆匆离去。而一些造型奇特的彩色雕塑便是增添环境中感情色彩的手段。在充斥着几何形和玻璃幕墙的环境中，透出了一丝温馨和诙谐的诗意。就是在公墓和陵园里，由于布置了许多丰富、生动的雕塑艺术品，形成人、现实与历史的对话，使得环境变得更加生动、有灵性，如莫斯科的新圣母公墓。

　　在形体、色彩、质感、韵律、节奏、光影诸方面，景观雕塑可以丰富环境，使环境活跃起来，充满生气。耗资25万美元建于芝加哥联邦政府中央广场的《火烈鸟》(见图2-31)，以高达15米的红色钢板形巨构使灰暗呆板的建筑环境顿时生机勃勃。落成当日，芝加哥数十万人兴奋地举行庆祝活动，显示了景观雕塑改造环境的巨大力量。

图2-31　《火烈鸟》雕塑

　　在一些规模宏大的环境中，景观雕塑常可使人们感到亲切。古罗马的一些公共建筑，如大角斗场、公共浴场、凯旋门、万神庙等都是尺度巨大的宏伟建筑，令人望而生畏。因此，古罗马艺术家在建筑的拱券、壁龛、墙面上布置了尺度较小的雕塑作品，与人们相呼应，多少破除了一些建筑本身的冷漠。现代建筑中，也可以看这样的情况。如图2-32所示的巴黎德方斯巨门高达百米，通体是玻璃幕墙面，是极其简洁的集合造型，形成宏伟、壮观，令人震惊，但人们的心理上确实有敬而远之的感觉。在巨门下方，布置了一个具有柔和曲线的"帐篷"，从而缓冲了巨门的硕大和生硬，发挥了过渡作用。

　　在特定的环境，景观雕塑加强或强调了建筑构图。许多对称构图的建筑在它的中轴线上布置了雕塑，或在两侧设计了成对的雕塑，就大大加强了中轴线对称的格局。而有些不对称建筑则运用雕塑来调节构图。如图2-33所示，华裔建筑师贝聿铭设计的国立美术馆华盛顿东馆，其正入口的分隔是不对称的，设计师布置了三棱柱体来保持正立面构图的均衡，填补和充实了构图的视觉力度。

图2-32　巴黎德方斯巨门

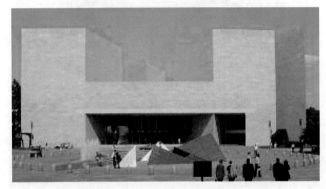

图2-33　国立美术馆华盛顿东馆

　　一些建筑物的构建或环境中的构建物被设计成富有美感的雕塑艺术品，使这些景观雕塑具有使用功能和独特的审美价值。最为人熟知的是古希腊雅典卫城中伊瑞克先神庙的六尊女像柱，它们既支撑了沉重的檐部，又向人们展现了希腊女性的形象。这种手法后来在欧洲多次被使用。圣彼得堡冬宫的男像柱强悍、健壮、富有力度。北京故宫三大殿汉白玉台基的排水口被刻制得巧妙而美观，既具有覆盖屋脊、便于排水、保护屋顶木结构的功能，又含有防火的寓意，同时还在屋脊影像上添上了动人的轮廓变化。至于喷水池中的喷嘴，被设计成人物或动物雕塑则是中外俱有，风向标、灯柱、计时器，通风孔等，都可以设计成美丽而别致的雕塑艺术品。

2.3.5　经济效果

　　现代景观雕塑具有显而易见的经济价值。

　　首先，景观雕塑构成一种美的环境，使生活于其中的人有高档次的审美体验，这就构成了一种投资环境，是投资环境的文化要素和美学要素。

　　如图2-34所示的《飞翔的心愿》，也被称为世博志愿者纪念碑，长11米、宽5米、高8

米，设计师是余积勇。雕塑的主体由不锈钢制成，底座为花岗岩，总重30吨。雕塑外观是七种颜色组成的汉字"心"形志愿者标志，寓意志愿者的辛勤努力似彩虹般为世博和城市增添瑰丽色彩；其造型蓬勃欲飞，寓意志愿者的激情可让世博和城市活力飞扬；主体上排列有序的条线构成无数孔格，寓意志愿者以沟通合作作为城市天空筑起文明之网。该雕塑将永久地保留在上海世博园。

图2-34　《飞翔的心愿》雕塑

其次，景观雕塑是一个国家科技经济实力和综合国力的象征。例如，美国的《自由女神》，主要目的是显示国力。

最后，景观雕塑作为旅游景观具有直接的经济功能。在世界上许多国家，景观雕塑作为该国的城市人文景观，形成了重要的旅游资源，如美国纽约的《自由女神》、丹麦的《海的女儿》、比利时布鲁塞尔《撒尿的小孩——于连》、意大利佛罗伦萨的《大卫像》等。这些雕塑代表了城市文化的一部分，成为该城市的文化地标。

 案例2.3

《自由女神》

近代工业的发展，带来了技术革命，给制作巨型的纪念性雕塑创造了条件。在这方面较突出的代表作品是美国的《自由女神》，如图2-35所示。《自由女神》是法国赠给美国独立100周年的礼物，位于美国纽约市哈得逊河口附近，是雕像所在的自由岛的重要观光景点。

法国著名雕塑家巴托尔迪历时10年完成了雕像的雕塑工作，女神的外貌设计来源于巴托尔迪的母亲，而女神高举火炬的右手则以巴托尔迪妻子的手臂为蓝本。自由女神穿着古希腊风格的服装，头戴光芒四射的冠冕，有象征世界七大洲、四大洋的七道光芒。女神右手高举象征自由的长达12米的火炬，左手捧着刻有1776年7月4日的《独立宣言》，脚下是打碎的手铐、脚镣和链锁。她象征着自由、挣脱暴政的约束。

花岗岩构筑的神像基座上，镌刻着美国女诗人埃玛·娜莎罗琪(Emma Lazarus)的一首脍炙人口的诗。雕像锻铁的内部结构是由巴黎埃菲尔铁塔的设计师居斯塔夫·埃菲尔设计的，它在1886年10月28日落成并揭幕。自由女神像高46米，加基底高为93米，重200吨，由铜板锻造，置于一座混凝土制的台基上。自由女神的底座是著名的约瑟夫·普利筹集10万美元建成的，现在的底座外形是一个美国移民史博物馆。

《自由女神》集建筑、科技、艺术于一身，完美地体现了时代精神。

图2-35 《自由女神》雕塑

2.4 综合案例：沃尔特·迪士尼音乐厅

沃尔特·迪士尼音乐厅由普利兹克建筑奖得主弗兰克·盖里设计，建筑造型独特，具有解构主义建筑的重要特征。弗兰克·盖里以设计具有奇特不规则曲线造型雕塑外观的建筑而著称，并使用断裂的几何图形探索着一种不明确的社会秩序，因此其作品呈现独特、高贵和神秘的气息。

迪士尼音乐厅位于霍尔大道，宽阔的马路对行人来说缺乏亲切感，奇异的扭曲的屋面给人印象深刻，大胆的想象和巧妙的空间布局也让人叹为观止，独特的造型形成标志性建筑，建筑周围开放空间的设计，增加了建筑和街道的亲切感，如图2-36所示。音乐厅的外部覆盖着以意大利石灰石及不锈钢做成像花一般的外表，视觉很舒适，如图2-37所示。

图2-36 开放式设计

图2-37 不锈钢墙面

音乐厅的室内舞台背后设计了一个12米高的巨型落地窗供自然采光，白天的音乐会则如同在露天举行，室内室外融为一体。

屋顶花园是迪士尼音乐厅的一个特色设计，位于车库楼板顶上的屋顶花园(约15平方米)，实际上是一个围绕在音乐厅主体建筑周围的大平台。这座花园由景观设计师梅林达·泰勒设计，它向公众开放，可以从格兰特大道通过台阶直上花园(见图2-38)，这个屋顶花园最大的特点就是可以从位于建筑物底座的车库四角的任何一个入口台阶进入。

音乐厅给人一种庞大、精致、高雅的感觉，因此，建造一个更加人性化的花园能贴近整个建筑物的这种气质。设计师希望花园能够给人们带来更多欢乐，成为每一个人享受自然的乐土，而不是只供给那些参加音乐会的观众进行休息。逐级登上长长的台阶，花园带给人的第一印象便是参差起伏的植物柔化了高调张扬的建筑形式。

图2-38 台阶

由于空间狭小，花园的布局很简单，蜿蜒的园路由种植区限定而成，引导着游览线路，如图2-39、图2-40所示。

图2-39 花园道路1

图2-40 花园道路2

莉莲迪士尼纪念水景，不再有植物遮挡，留出了足够的视线范围，照射在不锈钢外墙上的阳光直接反射在水景上，使得洁白的瓷贴水景更加光彩夺目。从造型上看，是一朵由陶瓷贴成的玫瑰。上百件皇家代尔夫特蓝陶的花瓶与瓦片被现场打碎成8000多块碎片，由八位陶瓷艺术家用高超的技术贴拼完成，形成了漂亮的景观雕塑艺术品，成为公园里的一大特色，如图2-41所示。

图2-41　莉莲迪士尼纪念水景雕塑

纪念水景广场往东，是掩映在浓荫下的儿童剧场。这是一个由混凝土搭建的圆形剧场，供小型演唱会和其他公共活动所使用，座凳的大小符合儿童的使用比例，如图2-42所示。

图2-41　儿童剧场

除了这两处较大的人流集中地，便是零星分散的休憩小天地。这些小天地被挤往花园的边缘，既营造了私密惬意的小空间，又提供了向外远眺的观景点，如图2-43所示。

选用植物色彩鲜艳、植株规格较小以及篷型树冠，可以更好地装饰园内的景观。绿色树冠能与建筑物坚硬的外表形成对比，在一定程度上减弱金属外壳的冰冷感。植物品种简单，观赏效果随季节变化，能让人更有回到自家庭院的感觉，如图2-44所示。

如图2-45所示，音乐厅东北面的洛杉矶音乐中心和平广场有一个巨大的火炬造型的雕塑，也是该区域的重要标志，象征着音乐厅如同火焰一样，绚烂夺目、生生不息。

图2-43　远眺观景

图2-44　植物装饰

图2-45　和平广场火炬造型雕塑

景观雕塑在环境景观设计中起着特殊而积极的作用，许多优秀景观雕塑成为城市标志和象征的载体，它们与城市的环境、周围的建筑相互衬托、相互融合，构成一道靓丽的风景。本章主要介绍景观雕塑的类型、功能和特点，通过学习本章内容，使学习者能够深入掌握景观雕塑的设计要点。

一、填空题

1．景观雕塑分为三种类型：_____、_____、_____。

2．景观雕塑的功能分为：_____、_____、_____、_____、_____。

3．景观雕塑的特点有：_____、_____、_____、_____。

4．_____就是指非压缩的，可以多方位、多角度欣赏的三维立体雕塑。

5．_____由于起位较高、较厚、形体压缩程度较小，因此，其空间构造与形态特征更加接近圆雕，甚至有些局部的处理完全采用圆雕的处理方式。

二、选择题

1．去掉底板的浮雕则称（   ）。

A．圆雕　　　　　　　　　　　B．浮雕

C．透雕　　　　　　　　　　　D．方雕

2．（   ）是雕塑与绘画结合的产物，常用压缩的办法来处理对象，靠透视等因素来表现三维空间，是介于圆雕与绘画之间的一种艺术形式。

A．圆雕　　　　　　　　　　　B．浮雕

C．透雕　　　　　　　　　　　D．方雕

3．（   ）景观雕塑又称架上雕塑，其尺寸一般不大，也有室内、室外之分，主要是雕塑为主体。

A．主题性　　　　　　　　　　B．装饰性

C．功能性　　　　　　　　　　D．陈列性

4．（   ）雕塑是景观雕塑中数量较多的一类，也是景观雕塑主要的组成部分。

A．主题性　　　　　　　　　　B．装饰性

C．功能性　　　　　　　　　　D．陈列性

5．（   ）景观雕塑强调的是艺术性和使用功能的结合，创造出既实用又具有艺术审美的雕塑作品。

A．主题性　　　　　　　　　　B．装饰性

C．功能性　　　　　　　　　　D．陈列性

三、问答题

1．浮雕可分为哪些种类，它有什么特点？

2．何为圆雕、浮雕、透雕？

3．景观雕塑的主要功能以及特点有哪些？

第3章

景观雕塑的设计要素

学习目标

- 了解景观雕塑在环境中所起的作用。
- 掌握景观雕塑的尺度、色彩的运用。
- 掌握不同艺术类型景观雕塑的材料运用。

《孺子牛》雕塑

走过深南大道，在深圳市委大院门前，人们可以看到一座叫"孺子牛"的雕塑，也有人叫它"拓荒牛"。孺子牛雕塑的坐落位置与它所要表达的精神意义相辅相成，这座雕塑始建于1984年7月27日，是深圳这座城市环境变化的见证者，象征着深圳精神在拓荒中的一次次闪光、一次次升腾。

如图3-1所示，孺子牛雕塑重4吨，长5.6米、高2米，基座高1.2米，是以花岗石磨光石片为底座的大型铜雕。底座之上，一头开荒牛全身紧绷，呈现出具有张力的肌肉线条，牛头抵向地面，四腿用力往后蹬，牛身呈竭尽全力的负重状。牛身后拉起的是一个巨大的腐朽树根。整头牛的造型鲜明地体现出埋头苦干、奋力向前的孺子牛精神，同时轮廓和线条又极富动感和美感。

它是深圳最早的城市雕塑之一，凝聚了早期深圳人勇于开拓、大胆创新、奋力耕耘、不断前进的精神。设计师潘鹤之所以将这尊雕塑定名为"孺子牛"，是源于鲁迅先生"俯首甘为孺子牛"之意，内涵市委党员干部都能以"俯首甘为孺子牛"为座右铭，为人民"开拓创新、团结奉献"，这是市政府甚至各层级、各个岗位的工作人员的精神财富。在这一精神财富的作用下，拓荒牛们的汗水、心血和智慧创造了深圳奇迹；拓荒牛们艰苦卓绝的奋斗，开创了中国社会主义市场经济的先河；拓荒牛们的开拓创新精神和良好的运行机制，推动了深圳的高科技产业迅猛崛起；拓荒牛们的奉献付出，换来了深圳广大民众的美好生活。这是拓荒牛精神的最好体现。

图3-1　《孺子牛》雕塑

3.1 景观雕塑的环境

景观雕塑耸立于公共环境之中，它不是一个单纯的隔离、一个孤立的事物，而是时时刻刻都在与周围的环境作用着、发生着关系。这也形成了一种关系——景观雕塑与环境互融。

3.1.1 景观雕塑与环境的关系

设计景观雕塑时要注意环境因素，设计师潘鹤先生曾说过："景观雕塑从来就是各个时代物质文明和精神文明结合的产物，亦是各个时代审美观念永久性凝固，是存留下来的历史脚印，既为当代人民服务，亦为后世欣赏，这从古至今景观雕塑的作用中可以得到佐证。"

景观雕塑与环境之间的关系处理的问题是决定景观雕塑成败的关键，它们之间相辅相成、相互联系、相互影响、相互作用。景观雕塑是一门空间艺术，它生存于适合其生长的空间环境之中，如果景观雕塑所处的环境是杂乱无章的，不能与雕塑做到协调统一的话，那么它在所处的环境中就显得格格不入，甚至画蛇添足，失去了为环境增色的作用。

好莱坞环球影城位于洛杉矶市区西北角，这里是世界电影人的天堂，每年这里出产很多部精彩的影片。在这里的街道上，有一座环球雕塑引人注目，雕塑被设计成地球模型样式，绘制出七大洲、四大洋，代表着欢迎全世界电影人来此。雕塑底座是一个小型的喷水池，衬托着整个雕塑，就像是地球离不开水，水是生命之源。雕塑采用了不锈钢，整个球体的色彩为银色，显得庄重。它与周围建筑、道路等环境融为一体，又各自独立，成为环球影城不可缺少的标志象征，如图3-2所示。

图3-2　好莱坞环球影城之环球雕塑

当代的景观雕塑生存的环境是由建筑物、广场、绿地、街道等多种元素构成的，虽然景观雕塑没有这些元素的使用功能，但是景观雕塑确实最能表达城市感情和人文情怀的艺术形式。城市里的景观雕塑能够增加整个城市环境的艺术氛围，是最适合表达城市文化、底蕴，为人民提供审美需求和树立城市形象的艺术形式。

图3-3所示为好莱坞环球影城文字雕塑，它没有具体形状，而是用英文字母组成的一个单词"HOLLYWOOD"，中文音译为"好莱坞"，它也是好莱坞影城的标志。好莱坞环球影城文字雕塑坐落于半山腰之中，雕塑颜色为白色，在蓝天、青山的衬托下，使得雕塑显得格外醒目，人们在很远的地方就能看到它，让人们意识到自己就置身于世界影城之中。这一雕塑也随着这座影城而名声大噪，并与这里的艺术气息融为一体。

图3-3　好莱坞环球影城文字雕塑

随着社会的进步、科技的发展，人类物质文明和精神文明发生了巨大的变化。用于景观雕塑创作的材料层出不穷，人们对不同环境中的景观雕塑有不同的需求，这就为这些材料找到了用武之地。现在，一些雕塑艺术家，根据不同的环境，选用合适的材料，创作出适合特定空间、满足人们需要的景观雕塑。

图3-4所示为鱼雕塑，它是一个可以随意移动的雕塑作品，整个雕塑由多条鱼围成，像是一大群鱼在一起运动，这样的造型让人们联想到团结就是力量，人们置身于雕塑的不同位置，会有不一样的视觉感受。

图3-4　鱼雕塑1

如图3-5所示虽然同样是一座鱼雕塑，但它与图3-4的雕塑有很大区别。这座鱼雕塑主要起到装饰作用，鱼身之下的底座是几条钢材围成的花蕊造型，非常漂亮，底座的色彩为蓝白色，与银白色的鱼身形成鲜明对比。整个雕塑坐落在绿色的草地上，显得格外醒目，既没有色彩上的冲突感，也没有造型上的突兀感。

图3-5　鱼雕塑2

　　景观雕塑在环境中的作用：环境雕塑成为城市空间中文化与艺术的重要载体，装饰城市空间，形成视觉焦点，与周围的环境空间、建筑空间形成视觉场，在空间中变化轮廓、切割空间，在空间中起凝缩、维系作用。作为一个特定空间或场的形态标志，景观雕塑在视觉场中形成张力，在环境的视觉中心起着锁定各种视觉元素作用，是一座标点或聚焦点。

3.1.2　景观雕塑与城市建设同步

　　创作现代景观雕塑时，无论是雕塑艺术家，还是美术设计师，都应该与建筑师、城市建设的规划者共同合作，完成整个环境的设计工作。

　　现在的雕塑艺术家的工作不只是在城市规划完成之后，在建筑落成后对环境中剩余的空间进行填补，而应该在整个空间设计之初就参与到整个城市建筑设计之中，这样才能使景观雕塑在空间环境中显得不那么突兀，达到一种和谐的美感。就像一支军队，城市规划者是军队的指挥官，雕塑艺术家和建筑师是军队的各个兵种，优秀的指挥官会带领各个兵种相互配合、协调、合作，共同完成整个规划创作。

　　图3-6所示为北京西站南广场门前的国风雕塑，在设计之初，设计师便与西站建筑团队相互沟通，确定雕塑创作方案。这个雕塑既是北京西站南广场的标志，又是北京铁路交通局的标志。国风雕塑由几条龙围成一个圆，整个形状像是蛇舞飞龙，鲜亮的红色红红火火，与火车站建筑形成鲜明的色彩对比。火车站建筑的门店装饰字体多为红色，与国风雕塑的色彩相呼应，这也让它们在整个建筑环境中步调色彩统一协调。

图3-6　国风雕塑

3.1.3　景观雕塑要有人文气息

　　城市特有的人文环境是景观雕塑创作的基础，景观雕塑创作的大背景应当是雕塑所在城市特有的地域文化。这种人文环境是该城市的各种环境元素经过时间的沉淀而形成的，如地方文化、宗教信仰、生态环境等，这些元素能引起人们的共鸣，不同地区、不同城市有着不同的人文环境，这也是雕塑艺术家创作时所要考虑的。景观雕塑是作品所处的地区人文环境在视觉上的具体体现，是该地区的符号。这就要求雕塑艺术家在创作时不仅要坚持自己的艺术风格、特点，还要与城市的人文环境相结合。只有艺术家个人思想与人文环境进行有机结合，才能创造出优秀的景观雕塑。

　　在城市环境中，景观雕塑与建筑物的作用是截然不同的，景观雕塑的艺术形式是大众化的、自然的，能够很好地诠释城市的地域文化。景观雕塑为了配合整个环境，是不能随心所欲的，艺术家在创作时要考虑到雕塑的形式、色彩、体量等与周围环境的搭配，这样才能更好地融入到环境之中。另外，景观雕塑又是城市环境中的重要组成部分，雕塑的形式、色彩、体量能够直接反映城市的人文环境，丰富景观的内涵。景观雕塑的内容题材要与人文环境和谐统一。

　　图3-7所示为新加坡的《跳河小孩》雕塑，一群"黑黢黢"的小孩争先恐后地朝着河水跳去，每一个人的动作都自然真实，仿佛能感受到他们毫不犹豫的姿态，这种近似狂欢的气氛很能感染人。当然，这个作品肯定不是为了吸引人们一起疯狂玩跳水，以孩童形象为主角，或许体现了一种天真的勇敢，又或许暗示了初生牛犊不怕虎的无知无畏，作为一个非常好的开放性思考，这件作品的内涵也自然变得多重化。

　　雕塑艺术家在为特定环境设计景观雕塑时，既要做到美化景观环境，又要丰富景观环境的人文意义，传递雕塑家对城市的精神内涵的表达。不同的地区、不同的城市、不同的环境都拥有自己独特的历史文化背景，这就要求景观雕塑艺术家还要具有美育的视觉。人们在欣赏景观雕塑时，除了欣赏其优美的造型、绚丽的色彩和极具冲击力的艺术之外，还会被其中的艺术氛围所感染，从中了解、体会当地特有的历史人文信息。

图3-7　《跳河小孩》雕塑

图3-8所示为曼德拉雕塑，雕塑艺术家为了弘扬曼德拉振奋人心的精神，设计了这座独特的雕塑，以纪念他在1962年被捕，在那之后他在狱中度过了27年。曼德拉雕塑由高达5米至10米的50根金属柱组成，人们只有在35米开外才能辨识出曼德拉的头像。雕像象征着被称为黑色繁笈花的曼德拉，躲避当局17个月后遭到逮捕。

曼德拉雕塑的出现，也让世人熟知南非夸祖鲁-纳塔尔省(Kwazulu-Natal)，并与当地的人文故事、历史情怀联系在一起，在缅怀伟人的同时，也在激励着世人，发扬友爱、坚持、互助、和平的愿望。

图3-8　曼德拉雕塑

纽约时代十二星座雕塑

2014年情人节就要到来，为了营造浪漫的情人节氛围，纽约时代广场放置了一件十二星座雕塑(见图3-9)，造型十分独特，十二只潜望镜按照星盘排列的位置交织在了一起，人们只要找到自己的星座，从里面就能看到最适合自己的另一半星座。

这个创意十足的雕塑出自纽约布鲁克林区的一家创意公司之手，潜望镜上刻着十二星座的符号，浅色的图案代表着这只潜望镜所象征的星座。该雕塑一经推出，就吸引了众多好奇的市民前来观看，并且十分踊跃地寻找自己的另一半星座。

纽约是一个集时尚、科技、经济于一体的国际化大都市，十二星座雕塑的设计正符合年轻人追求时尚的心理，人们在生活中表达爱、感受爱，也让美国人表达爱的开放思想进一步得到释放与升华。

图3-9　纽约时代广场十二星座雕塑

3.2　景观雕塑的尺度

景观雕塑的设计需要考虑尺度大小，一个优秀的景观雕塑，除了它的外形、色彩要符合周围环境之外，尺度大小也会产生重要作用。

3.2.1　景观雕塑要考虑尺度大小

景观雕塑的尺度包含两个方面，一个是景观雕塑所处的空间的尺度，另一个是景观雕塑自身的尺度。

在景观雕塑设计中，除了要考虑在已有的空间环境中放置雕塑之外，还必须考虑景观雕塑本身的尺度问题以及景观雕塑与空间环境之间尺度协调的问题，景观雕塑与周围的空间环境相协调是作品成败的关键。雕塑的尺度、体量设计是体现和表达作品内涵的关键，一件作品的大小既要为它所要表达的题材内容考虑，又不能对周围空间环境产生不和谐的视觉感受。因此，雕塑尺寸的大小、比例要根据具体的题材和环境需要而定，同时还要考虑人们的观赏角度问题，平视、仰视、俯视或远距离观赏、近距离观赏，都是雕塑艺术家需要重点考虑的问题。

图3-10所示为纽约街头的LOVE雕塑，这座雕塑是为纪念情人节而设计的，表达出都市里的年轻男女爱情的甜蜜，也体现纽约这座青春城市的活力。LOVE雕塑接近于正方体，用字母围成立体雕塑，雕塑底座高为0.2米，整个雕塑高为1.5米，宽约为1.4米。雕塑被放置在纽约街道路旁，与周围的高楼形成大小对比，鲜艳的色彩吸引人们的目光。由于LOVE雕塑的尺度比较小巧，可随意移动，因此，它受到人们的喜爱。

图3-10　LOVE雕塑

3.2.2　景观雕塑的体量大小

景观雕塑的尺度有大有小，有体量和高度超大的尺度，也有较小体积的雕塑，这样的雕塑使人感到亲切。超大尺度的雕塑在特定的环境中会产生戏剧化的效果和强烈的冲击力。

图3-11所示为美国《拉什莫尔国际纪念碑》，它就是一件大体量、高度超大尺寸的雕塑，这座雕塑依据自然山体雕凿而成，雕塑创作时充分利用了自然环境提供的资源，宏大的雕塑尺度既突出了主题雄伟的气势，又完美地结合了周围的环境。

图3-11　《拉什莫尔国际纪念碑》雕塑

　　图3-12所示为随风雕塑，雕塑的材料为钢铁，生锈的钢铁正好体现出雕塑的原生态。女性的身姿随风飘动，仿佛在聆听大自然最原始、最淳朴的诉说。随风雕塑身高只有2米，但它却能够让人们在远处看到她轻松享受微风的感受。

图3-12　随风雕塑

 知识拓展

　　经过雕塑艺术家的不断探索和研究，在雕塑的尺度设计上总结了一些规律，人们在观赏室外雕塑时，习惯选择站在距离雕塑高度2～3倍的位置，这样能较好地欣赏到雕塑的全貌，若要观察细节，则会选择站在距离雕塑高度1～1.5倍的位置观赏。而理想的整体观赏视点，视角以18°～27°为最佳，观察细节时，极近视点的观赏视角则为45°左右为宜。

 案例 3.2

天安门华表雕塑

　　图3-13所示的天安门的华表建于明成化元年，迄今已有500多年的历史。华表用汉白玉雕刻而成，可分为柱头、柱身和基座三个部分，高为9.57米，重达20000多千克。柱身呈八角形，直径98厘米，一条四足五爪的巨龙盘旋而上，龙身外布满云纹，在蓝天白云的衬托下，巨龙形态生动，跃然飞舞，似在云天遨游。在雕龙巨柱上端，横插着朵状白石云板，上面雕满祥云。柱顶端为圆形"承露盘"，据说汉武帝时，方士说用铜盘承接甘露，和玉屑服药，

可寿八百岁。西汉太初元年(公元前104年)在长安城外的建章宫神明台立一铜铸仙人,双手举过头顶,托着一个铜盘,呈接天上的甘露姿态,后来简化为柱顶放置圆盘。承露盘上的蹲兽"犼",雕刻得栩栩如生。天安门前华表上的这对犼,面向宫外;而在天安门后也有一对规制相同的华表,其上蹲兽犼则面向宫内。传说犼性好望,犼面向宫内,是希望帝王不要久居深宫,应经常出去体察民间疾苦,所以名字叫"望帝出";犼面向宫外,是希望皇帝不要迷恋游山玩水,快回到皇宫来处理朝政,所以名字叫"望帝归"。可见皇宫的华表不单纯是建筑的装饰品,更有时刻提醒帝王勤政为民的象征意义。华表基座也呈八角形,借鉴了佛教造像的基座形式,称为须弥座,基座外围是四边形石栏杆,栏杆的四角石柱上各有一头憨态可掬的小石狮子,头的朝向与承露盘上的石犼相同。

为方便游行队伍和交通的便利,1950年8月把华表和石狮向北挪移了6米。默默矗立的华表经历了无数风霜雨雪,见证着中华民族的兴衰起落,同样也见证了中华人民共和国的诞生。华表雕塑雄伟的外形,体现出古代劳动人民的智慧结晶,也反映出人们不畏艰险、克服困难的决心,置身于雕塑所营造的空间之中,可充分体会中国人民在抗击外来侵略时不畏强敌、英勇不屈的英雄气概。雕塑带给人们强烈的视觉冲击力,正好与所要表达的题材内容、空间环境和思想感情完美结合。

图3-13　天安门华表雕塑

3.3　景观雕塑的空间

景观雕塑是一种物质存在,其物质形态是空间形态。景观雕塑的空间主要包括雕塑空间和环境空间。雕塑空间是人们的审美对象,环境空间则承载着雕塑、建筑物、自然环境等。

3.3.1　景观雕塑的正、负空间

景观雕塑可分为正空间与负空间。

正空间是指雕塑形体的空间，也就是能看见的雕塑实体的部分。景观雕塑的正空间通常是决定其成败的关键，因为对于人们来说，映入眼帘的毕竟是雕塑的正空间。在视觉上，正空间可高可低，可以凹凸不平，可以互相转换；在触觉上，人们可以从雕塑的正空间了解到材质、肌理。景观雕塑的正空间可以让人们直观地认识到雕塑的尺度、造型、颜色等，还因为雕塑各空间之间的相互转折、相互掩映等丰富了雕塑空间的表现力；再者，通过触摸还可以更加深刻、全方位地掌握它的材质、肌理等，进一步了解雕塑。

景观雕塑的负空间，一是指雕塑正空间对应的部分，也可以是贴服于雕塑、环绕其周身的反像，它体现正空间高低起伏的空间效果。负空间具有内聚力，它制约着正空间扩张的力度，使形体的体量恰到好处。二是指负空间与环境空间的融会、交叉部分，一般认为是雕塑正空间的投影，称为占有空间，它是雕塑正空间产生的扩张力，既包含负空间的部分，又统一部分环境空间，是雕塑空间渗入物质背景空间的中介。

景观雕塑的正空间是负空间的界面，其凹凸、空洞，以及正空间之间的空隙成为负空间的物质表征。景观雕塑的正空间制约着负空间的变化，没有正空间，就没有雕塑的负空间；相反，景观雕塑的负空间依赖于正空间的变化而变化，有怎样的正空间，就有与之对应的负空间。景观雕塑的正空间是主动的，是雕塑艺术家的出手处；负空间变化是被动的，是雕塑艺术家的着眼点。雕塑艺术家通过对负空间的反复推敲、斟酌，然后将自己的意念固定为物质形态——正空间。对于视觉感知，雕塑的负空间拉开了与正空间之间的距离，缓冲了正空间对视觉的压力，调节了视觉的疲劳，缓冲之下，不断调整刺激的节奏以激发视觉欲望，主动引导视点在正空间与正空间之间、正负空间之间、负空间与负空间之间的变动与跳跃。

图3-14所示为漏斗雕塑，它被置于海边马路上，由钢铁架围成漏斗模型，沙粒由石灰制成，并制作成向下流动的样式，再用蓝、白着色，让整个漏斗雕塑的色彩与天空的色调一致，都是蓝白色调，使雕塑在空间上形成陪衬、呼应的作用。

图3-14　漏斗雕塑

3.3.2　景观雕塑的实体、虚体空间

景观雕塑的环境空间又可分为实体空间和虚体空间。

实体空间是指承载景观雕塑空间的物质背景。环境的实体空间环绕着雕塑空间，是景观雕塑的外围，也是协调关系、衬托雕塑的物质背景。环境的实体空间和雕塑空间是不同的实体，它们相互衬托、彼此呼应，使雕塑审美特征更加鲜明、环境氛围更加浓郁。实体空间还能起到过渡作用，它把雕塑空间与更广阔的景观空间联系起来。

虚体空间是指雕塑正空间与环境空间实体空间之间的部分，也可以说是雕塑正空间与实体空间之间的空隙。作为虚体空间，其产生的机制来自雕塑正空间的控制，来自雕塑正空间与物质背景之间的界定，或者来自实体空间与雕塑正空间的围合。环境的虚体空间与雕塑空间之间是互相沟通与融合的，环境的虚体空间直接与雕塑的空间互相融合，把雕塑空间带进一个更广泛的环境空间。虚体空间的合理布局，关系着整个环境雕塑空间的审美价值。超大的虚体空间会使雕塑空间体量过小，雕塑空间与环境空间之间过于疏松；过小的虚体空间又会显得雕塑空间体量过大，雕塑空间与环境空间之间过于拥挤。环境的虚体空间只有通过环境的实体空间与雕塑空间的结合而形成，互相关联、缺一不可。环境的虚体空间尺度取决于雕塑的范围与大小，环境的实体空间与雕塑空间的规格是衡量其标准的准绳。

图3-15所示的圆圈雕塑属于透雕，整个雕塑的外形为圆形，并且雕塑由大小不一的圆环组成。整个雕塑不是一个完整的圆，残缺的缺口参差不齐，正好突出了它与外界的联系，也表现出在不完美中寻求艺术效果。雕塑的缺口仰天而笑，像是在吸收天地间的日月精华。

图3-15　圆圈雕塑

滑落雕塑

图3-16所示的滑落雕塑由两个模块组成，一个勺子构成了滑梯，另一个是樱桃主体。将樱桃置于勺尖，做自由落体运动。实体空间与虚体空间相互结合，使得雕塑的表现更加鲜

明。两个雕塑体的色彩也非常鲜明，并与周围环境的色彩相互融合。勺子置于水流之处，弯曲的勺柄好似小桥通往河中，具有意境美。

图3-16　滑落雕塑

3.4　景观雕塑的色彩

景观雕塑的色彩与形体密不可分。一个优秀的景观雕塑，色彩往往起到令人出乎意料的作用。

3.4.1　景观雕塑中色彩的作用

色彩在景观雕塑中往往是被忽略的，大部分人认为色彩对景观雕塑来说是非本质的，它只能减弱雕塑本身的力感。但事实并非如此，色彩在世界雕塑史上的应用无处不在，古埃及、古希腊、古罗马乃至古代中国都在创作雕塑时运用了色彩。形与色的相互交融一直伴随着雕塑艺术的发展。

随着时代的进步，城市环境越来越成为人们关注的焦点。现代城市环境是一种综合性、全方位、多元化的群体，它由很多层面组成。城市色彩又是城市视觉环境中最容易引起人们注意的重要层面，包括建筑群的色彩，建筑群之间起连接作用的空间色彩。具体地说，城市色彩主要是由建筑、道路、广场、雕塑、人流、草木等色彩综合而成的。景观雕塑作为城市环境的重要组成部分，其色彩依赖于环境，有助于显示出其独特的意义和价值。色彩能使景观雕塑材料自身的性质变得模糊，从而使造型更加鲜明，色彩更能满足人们心理和环境的需求，突出雕塑的特点。

城市雕塑的形体和色彩都能表达雕塑艺术家的思想感情，但色彩所能传递的感情是任何形体都无法取代的，色彩还具有强烈的识别性，往往对色彩的认知性比形体的认识更加引人注目。色彩本身还具备视觉力的倾向，这种视觉力的倾向会为景观雕塑添加几分活力。

澳大利亚是一个奉行多元化文化，拥有很多特有的动植物和自然景观的国度，在这样的文化氛围孕育下，自然拥有独特多彩的瑰丽人文景观。如图3-17所示，雕塑艺术家创作了一组造型新颖独特、以澳大利亚文化为主题的彩色牛雕塑，并安置在公园的不同角落，游客们可以边逛公园边欣赏这些五颜六色、色彩斑斓的牛雕塑。这些色彩鲜亮的牛雕塑不仅与公园周围的环境色彩形成反差，而且也融入到环境之中，成为都市生活中一抹不可缺少的生活情怀与浪漫气氛。

图3-17 彩牛雕塑

3.4.2 景观雕塑要配合城市环境色彩

景观雕塑的色彩受制于城市环境的主体色彩，它应根据城市的人文环境、地域特点等实际需要，综合创造富有浪漫情调的色彩组合。色彩必须符合、适应人们的心理要求和审美情趣。它也是雕塑艺术家的主观审美与客观实际的一种契合。这正是景观雕塑自身色彩与城市环境色彩美的规律，也是现代景观雕塑色彩的审美特征。

图3-18所示的飞鸟雕塑，坐落在商业区中心地带。飞鸟雕塑本身带有光源，夜晚，光源开启，飞鸟雕塑像是被染上色彩，在黑色的夜空衬托下显得格外明亮、耀眼，同时也较好地展示出飞鸟的造型。这是将现代科技与雕塑艺术结合在一起的佳作。

图3-18 飞鸟雕塑

书页雕塑

如图3-19所示，坐落于某大学校园的书页雕塑，以书页为主体，分散在草地上。雕塑艺术家将书页设计为白色，也代表了学生时代人们干净、天真、纯洁的情感。同时，白色的背景能更好地突出页面中的文字。而有的书面却是黑白相配，是为了使一系列雕塑有和谐的色彩美感，不至于显得呆板。

图3-19　书页雕塑

知识链接

雕塑艺术是具有精神价值取向的艺术，它的形体、空间、质材、色泽总要传递特定的信息，而色彩在雕塑创作中的合理运用会丰富雕塑艺术家的表现语言，使雕塑增添新的活力和个性，以适合现代生活环境，体现鲜明的时代精神，同时表现出更丰富的视觉效果和情感色彩，最大限度地满足人们的心理要求，给人以强烈的雕塑艺术色彩美的感受。

3.5 不同艺术的景观雕塑的材料

各种密度、大小、强度不同的材料的推广运用，使景观雕塑呈现出多姿多彩的现状，使景观雕塑自身旋转、振荡、摇摆，以及悬空、腾空、透空、中空等成为可能，也为声、光、电、磁、水、火、气、风等物质与现象融入雕塑造型提供了条件，因此打破了雕塑自身坚固不动、无声无光、凝重厚实的传统效果。

现代景观雕塑的材料来源广泛，因为现代景观雕塑的观念宽泛，不仅形式在不断变化，新的审美理念也在不断变化。观念的转变导致了对材料在认识上、使用上的巨大变化。虽然长期以来景观雕塑材料本身并未发生根本性变化，但由于雕塑艺术家在追求个性化语言及表达方式上的转变，导致了材料使用上的无限可能性，所使用的材料可以说是无所不包，正如波菊尼在1912年所发表的《未来雕刻技术宣言》上所言："雕塑家只能运用一种素材的观点，我们已经无条件地予以否定。雕塑家为了适应造型的内在必要性，在一件作品中，可以同时使用20种以上的材料。"所使用的材料不但有传统雕塑所用的材料，还包括蜡、玻璃、油布、塑胶、金属线、网绳、棉织物、毛皮、绘画颜料、废品、垃圾等。西方艺术在20世纪七八十年代之后，观念雕塑开始出现，观念作为材料，语言、文字作为材料，甚至一些非材料的材料，均使得相对意义上的材料突然间消失，更何况大地艺术、装置艺术的出现，使得材料概念越发被消解，变得无处不在。

　　水稻收割后晒干的稻草也可以制作成稻草雕塑。日本的香川县和新泻县制作的稻草雕塑最有名，"稻草艺术节"就是一个大型稻草雕塑的展览，传统用途就是搭建稻草屋顶，现在可以制作大型艺术品，如恐龙、坦克、大猩猩和招财猫、大象等，如图3-20所示。稻草资源容易寻找，也是废物利用，而且解决了燃烧稻草对环境所造成的污染。同时稻草还可以被重复使用，并被制作成不同的雕塑艺术品，为城市、乡村添加别样的景观。

图3-20　稻草雕塑

　　图3-21所示为球体雕塑，是设计师利用钢化材料制作的，球面光亮、鲜艳，通过球的表面可以映射出周围的景物环境，让人们看到不一样的景物。

图3-21　球体雕塑

3.5.1　现代主义景观雕塑的材料

从20世纪西班牙艺术家毕加索开始，雕塑艺术家们开始不断地探索雕塑各种空间的表现形式。早期现代主义最大的贡献就是提出了"拼贴"和"现成品"的概念，而毕加索则是现代主义运动中最早涉及材料方面的研究与最先提出材料概念的艺术家，他的雕塑作品《牛头》(见图3-22)是将自行车车座和车把拼贴在一起形成牛头的形象。这种"拼贴"手法，开创了现代主义艺术手法与材料的使用方式。在"拼贴创作"中，毕加索提出了"拾来的材料"概念，并在自己以后的创作中不断地用各种拾来的材料创作出各种神奇的作品。而杜尚的《泉》则是直接把现成品拿到展厅中。在他们之后，雕塑艺术中许多新的技术手法，如借用、挪用、复制、并置、装置等逐渐出现。正是由于艺术家这种对待雕塑、对待材料的态度及对待雕塑艺术的新概念，才使得人们对雕塑审美观上升到新的高度。

图3-22　《牛头》雕塑

3.5.2　构成主义景观雕塑的材料

现代主义雕塑发展到构成主义时期，在视觉上几乎找不到传统雕塑的量感与体块的概念，更无法以雕塑传统意义上的审美去寻找可视形象，而替代它的则是形式的功能与结构的合理性。构成主义的艺术所运用的大多是现代工业技术，所使用的材料与工业技术紧密结合，他们对待材料的观念大多来自波菊尼所提出的："要结束传统雕塑中青铜、大理石在传统雕塑艺术中的表现风格与手段，主张对日常生活中平凡材料皆为我所用，并强调作品不应该只用一种材料来完成，它应结合多种不同的材料。"因此，他们的作品所用的材料也是多种多样。例如，佩夫斯纳的作品更多的是用线、塑料网绳、金属等材料排列、组合、穿插而成。构成主义材料多与工艺技术、新技术、新材料相结合，因而他们所选的材料大多轻、薄、透，是材料与技术的完美结合；同时，他们通过使用新材料、新工艺和造型，试图建立艺术和机器之间的新关系。图3-23所示为佩夫斯纳的作品。

图3-23　佩夫斯纳的作品

3.5.3　超现实主义景观雕塑的材料

超现实主义景观艺术雕塑受弗洛伊德的影响较重，追求一种潜意识心灵体验的再现，他们喜欢表现梦境、离奇、虚幻的事物，他们在作品的表现手段及材料的选择运用上是大胆的、离奇的。在运用"现成品"的基础上，首次创造性地运用了短片、行为、装置等新手法，极大地丰富了作品的艺术表现力，扩大了雕塑材料的范围，创造了不同的观念方式与艺术手段。他们还喜欢把最不相干的物体组合在一起，并且综合运用各种手段，产生出一种潜意识的梦幻般的效果，如达利的作品就是各处艺术手段的综合。超现实主义所使用的材料既多样又富有个性，追求的是日常物体的不和谐组合，使人们产生更多的联想。

3.5.4　波普艺术景观雕塑的材料

波普艺术是1962—1965年盛行于国际艺坛的新的艺术形式。在波普艺术家们看来，这个世界根本没有自我和个性，大量的流行文化出现在人们的生活中，流行文化和商业文化成为这一时期的主流文化。波普艺术的代名词即"流行文化"，波普艺术的核心概念是"复制"，他们运用复制的方法来解释这个世界。其材料来自社会，所以材料取之不尽、用之不竭。如雕塑家奥登伯格早期就是用泡沫、帆布、软塑胶、皮革来复制生活日用品和日常器械，在这些材料的转化下，原来日用品的属性在视觉上发生了根本性变化，使人产生强烈的视觉效果。而到了20世纪60年代后期，奥登伯格则将日用品放大，放到公共环境中，给人们带来一种全新的视觉效果。贾斯伯·约翰则用青铜铸造出电筒、灯泡和啤酒罐，并涂上色彩。英国的波普艺术家阿伦·琼斯用玻璃制作穿着皮内衣的女性人体；费尔南德兹·阿尔曼利用物体的聚集，形成几何秩序来反映现代机械文明；而莱斯的作品则用霓虹灯管弯曲塑造而成。总之，波普艺术家们所选择的材料多种多样，使人眼花缭乱。图3-24所示为费尔南德兹·阿尔曼创作的雕塑作品。

图3-24　费尔南德兹·阿尔曼的景观雕塑

3.5.5　集合艺术景观雕塑的材料

"集合艺术"是废品艺术和垃圾艺术的史学称谓，英文意思是"集合、聚集、装配"。集合艺术直接把拣来的废旧物品加以组合，其价值在于情绪上的联想，材料本身不再孤立存在，而是按照雕塑艺术家的意志进行组合，并以传达雕塑艺术家的观念为目的。塞撒·巴尔达契的雕塑采用大量的工业废品，通过精湛的焊接技术组合而成，并利用巨大的油压机将垃圾厂的旧汽车挤压成彩色的金属块。图3-25所示为塞撒·巴尔达契的雕塑作品《Shock Red 165》。而费尔南德兹·阿尔曼所使用的材料非常日常化，有茶壶、斧头、车票、电灯、开关、橡皮、图章等，他将它们重新排列组合，表现出一种物体堆叠后从量变到质变的视觉效果。

图3-25　《Shock Red 165》雕塑

集合艺术的材料运用集中体现在废旧金属材料上，从社会学角度来看，也是对工业时代的一个回应。废旧工业材料及新加工技术的使用，不但使材料本身发生了改变，而且也使材料的体量变得巨大，给人们带来一种新的视觉效果。这也是回收再利用的一种艺术形式。

3.5.6　极限艺术景观雕塑的材料

极限艺术也称极简艺术，它认为艺术的标准是理性的秩序、概念的严密和明确、形式的简洁以及非文学性。它否认在作品之外有任何引申的意义。极限艺术家强调：重要的是作品，并且以作品是什么来看待，而不是作品代表了什么。极限艺术可以说将几何学抽象向前推进了一步，将绘画与雕塑还原至本质的要素。极限艺术的雕塑，排除了传统的雕塑台座与再现的意念。

极限艺术使用多媒体等材料，并以极其强烈鲜艳的色彩以及新的方式刺激着感官，如卡尔·安德勒的作品《64块铜板》就是直接置于地上，安德勒的《铝与锌》也是把材料作为一种控制空间的手段。罗伯特·莫里斯的《工业零件到毛毡》关心的是美学感知，而不是材料的质感和文化意义。

知识拓展

极限艺术比较注重思考展出场地与视者之间的关系、自我和物质世界的关系，并且将空间和人、空间和作品的关系作为一个新的课题予以提出。

3.5.7　观念艺术景观雕塑的材料

观念艺术是20世纪60年代中期兴起的美术思潮，观念艺术标榜突破传统观念，认为艺术中最重要的是作者的思想和观念。材料与形式已不是承载思想感情与呈现观念的唯一形式，观念的表达用来作为艺术行为的开始，观念作为材料使用，语言和文字也开始作为材料来使用。

"观念艺术"的主要材料也限定在文字、概念、语言、知识、数字以及与之相关的事物中，并且通过方案、照片、文献、谈话、地图、电话、电影、录音、录像等行为或者装置的方式来呈现与传达。他们为雕塑注入了新的生命力并建立了新标准，传统的物质材料(青铜、石、金属、陶瓷)几乎成为边缘材料，所有的作品都是作为一个过程的证明或者交流的起点，并且伴随观念艺术的发展，艺术家使用的材料也变得越来越广泛。

3.5.8　大地艺术景观雕塑的材料

大地艺术诞生于 1967—1970年，它不但与传统艺术有着紧密的关系，而且把美术馆作为美术运动的活动空间。大地艺术的艺术家们所用的材料也很广泛，如罗伯特·史密森(Robert Smithson)的《螺旋状防波堤》就选用岩石、结晶盐、泥土等大自然本身存在的材料。当然，观念与艺术行为是大地艺术的最终解释，其创作包含策划、构思及社会政府、科学技术，另外还涵盖了人力、物力、财力等各方面因素，它们最终以图片、影像的表现方式呈现出来。

大地艺术在工业文明国家备受欢迎，因为西方工业社会对环境的污染和对大自然的动植物保护意识越来越强，艺术家们重返自然，并通过大自然表现自我情怀，也使得公众注意到大自然的珍贵与美好。因此，大地艺术是保护环境的一种绿色雕塑形式。

3.5.9　装置艺术景观雕塑的材料

装置艺术是一种综合的艺术风格。它从来不是以一种独立的造型语言出现的，而是几乎涵盖了当今社会所有的技术手段，艺术形式多样，不局限于某一种艺术手法，艺术家们综合地使用着绘画、雕塑、建筑、音乐、戏剧、教文、电影、电视、平面媒体、录音、录像、摄影、诗歌等任何需要使用的手段。装置艺术家最初都是三维空间的艺术家，而装置艺术的一大贡献是把"人"逐渐"物化"为一种"物"、一种"材料"。

综上所述，现代景观雕塑中材料的运用问题，是一个需要深入探讨和研究的课题。对于雕塑艺术家来说几乎可以是无所不为，一切尽在自己的选择和运用中。当然，雕塑艺术家与材料之间是一种双向选择的关系，雕塑艺术家选择材料，同时材料也启发着雕塑艺术家。因此，作为一名从事雕塑创作的艺术家，一定要尽可能多地熟悉材料、研究材料，善于运用材料，在作品中最大限度地挖掘和发现材料的材质美，并把材料运用到极致。

3.6 综合案例：螺旋楼梯雕塑

图3-26所示的艺术品，既是一个螺旋楼梯雕塑，又是一个公共艺术品，设计师以旋转式楼梯为灵感进行创作。

雕塑的样式呈8字，又像是一个音乐符号，盘旋于空中。雕塑与规律性的楼房建筑形成了鲜明的对比，从而缓和了周围环境的单调。设计师选用了废旧钢材、木板作为原材料，二次利用创作了雕塑，减轻了环境污染。色彩方面采用了具有稳重感的黑色，与建筑墙体形成色彩反差，起到协调环境色彩的作用。

图3-26　螺旋楼梯雕塑

景观雕塑是一门综合艺术，它所涉及的领域非常广泛。本章主要介绍景观设计的要素，通过对本章内容的学习，使学习者能够了解景观雕塑与环境的关系，如何决定尺寸大小，空间、色彩上的运用，以及不同艺术形式的材料选择。

教学检测

一、填空题

1．景观雕塑与环境之间的关系是_____、_____、_____、_____。

2．当代景观雕塑生存的环境是由_____、_____、_____、_____等多种元素构成的。

3．现代城市环境是一种_____、_____、_____的群体，它由很多层面组成。

4．景观雕塑的色彩受制于城市环境的_____，它应根据城市的_____、_____、_____等实际需要，综合创造富有浪漫情调的色彩组合。

5．景观雕塑可分为_____与_____。

二、选择题

1．(　　)是指雕塑形体的空间，也就是能看见的雕塑实体的部分。

 A．正空间　　　　　　　　　　B．负空间

 C．实体空间　　　　　　　　　D．虚体空间

2．(　　)具有内聚力，它制约着正空间扩张的力度，使形体的体量恰到好处。

 A．正空间　　　　　　　　　　B．负空间

 C．实体空间　　　　　　　　　D．虚体空间

3．(　　)是指承载景观雕塑空间的物质背景。

 A．正空间　　　　　　　　　　B．负空间

 C．实体空间　　　　　　　　　D．虚体空间

4．(　　)是指雕塑正空间与环境实体空间之间的部分，也可以说是雕塑正空间与实体空间之间的空隙。

 A．正空间　　　　　　　　　　B．负空间

 C．实体空间　　　　　　　　　D．虚体空间

5．《牛头》雕塑的设计师是(　　)。

 A．杜尚　　　　　　　　　　　B．毕加索

 C．史密森　　　　　　　　　　D．波伊斯

三、问答题

1．简述景观雕塑与环境之间的关系。

2．简述景观雕塑与空间之间的关系。

3．简述景观雕塑是如何运用色彩的。

第4章

景观雕塑的材质

学习目标

- 了解天然石雕、木质雕塑、泥质雕塑的特点。
- 掌握陶瓷雕塑、金属雕塑的制作工艺流程。

 案例导入

广州五羊雕塑

图4-1所示的五羊雕塑堪称广州城市的第一标志。五羊雕塑由岭南著名雕塑艺术家尹积昌、陈本宗、孔繁纬于1960年4月创作，位于越秀山木壳岗。

五羊雕塑，高为11米，用130块花岗石雕刻而成，体积达53立方米。以四头形态各异的小羊簇着一头口衔稻穗的高大母羊为造型，再现了羊化为石，把稻穗赠给广州人民的传说。石像中大山羊居中，昂首远眺，羊髯微拂，口衔"一茎六出"谷穗，雄浑有力的羊角伸向半空，显得深沉、威武。余下四头小羊环列四周，或跪乳，或回首，或吃草饮水，或嬉戏打闹，形态可爱，栩栩如生。

图4-1　广州五羊雕塑

4.1　天然石雕

景观雕塑常用的材料是天然岩石，这样的雕塑也被称为石雕。石雕中常用的石材有花岗岩、大理石、砂岩、青石等。石材质地坚硬、耐风化、肌理明确，是大型纪念性雕塑的主要材料。大型石雕有号称"山雕刻"的美国拉什莫尔山国家纪念碑、中国乐山大佛及云冈、龙门等大大小小的石窟造像。

4.1.1　花岗岩

花岗岩是一种岩浆在地表以下凝结形成的火成岩，主要成分是石英、长石和云母，其

质地坚硬密实，很难被酸碱或风化作用侵蚀。其中，长石含量为40%～60%，石英含量为20%～40%，其颜色决定于所含成分的种类和数量。

花岗岩常用作雕塑和建筑物材料，外观色泽可保持百年以上，很多景观雕塑都是以花岗岩作为首选材料。例如，兰州的景观雕塑《黄河母亲》。

 案例4.1

《黄河母亲》雕塑

《黄河母亲》雕塑是甘肃著名的雕塑家何鄂女士创作的，如图4-2所示，它位于兰州市黄河南岸的滨河路中段、小西湖公园北侧。雕塑长6米、宽2.2米、高2.6米，总重达40余吨，由"母亲"和"男婴"组成构图。母亲(象征黄河)秀发飘拂，神态慈祥，身躯颀长匀称，曲线优美，微微含笑，抬头微曲右臂，仰卧于波涛之上，象征了哺育中华民族生生不息、不屈不挠的黄河母亲。右侧依偎着一裸身男婴(象征中国人民)，头微左顾，举首憨笑，显得顽皮可爱，象征着黄河母亲爱护、保护着的中华儿女，希望中华儿女能快乐幸福、茁壮成长。雕塑构图简洁，寓意深刻，反映了甘肃悠久的历史文化，具有很高的艺术价值。雕塑下基座上刻有水波纹和鱼纹图案，源自甘肃古老彩陶的图案。同时，水波纹和鱼纹也反映了黄河流域的先民对自然现象敏锐的观察力。

图4-2　《黄河母亲》雕塑

 知识链接

花岗岩成荒率高，能进行各种加工，板材可拼性良好。另外，花岗岩不易风化，能用作户外装饰。花岗岩的纹路均匀，颜色虽然以淡色系为主，但也十分丰富，有红色、白色、黄色、绿色、黑色、紫色、棕色、米色、蓝色等，而且其色彩相对变化不大，适合大面积使用。

4.1.2　大理石

　　大理石属于石灰岩，是在长期的地质变化中形成的。大理石因产于云南省大理而得名，其剖面可以形成一幅天然的水墨山水画。古代常常选取具有成型花纹的大理石来制作画屏或镶嵌画，后来大理石这个名称逐渐发展成一切有各种颜色花纹的、用作建筑装饰材料的石灰岩的统称。白色大理石一般称为汉白玉，它包括大理岩、白云质大理岩、蛇纹石大理岩、结晶灰岩及白云岩等。大理石质感柔和、美观庄重、格调高雅，是装饰豪华建筑的理想材料，也是艺术雕刻的传统材料。但由于大理石瑕疵太多、价格较高，因此适合作为小面积的雕塑装饰。大理石没有花岗岩那么坚硬，因此容易磨损，不适宜在室外展放。古希腊及欧洲众多的人物雕塑均用大理石完成，如《断臂的维纳斯》《大卫》等，如图4-3、图4-4所示。

图4-3　《断臂的维纳斯》雕塑

图4-4　《大卫》雕塑

　　北京天安门广场人民英雄纪念碑基底座上的浮雕也是采用大理石雕刻而成，即《八一南昌起义》，如图4-5所示。

图4-5　《八一南昌起义》浮雕

4.1.3　砂岩

砂岩由碎屑和填隙物组成，碎屑成分以石英为主，其次是长石、岩屑、白云母、绿泥石、重矿物等。砂岩是人类使用最广泛的石材，其高贵典雅的气质、天然环保的特性塑造了建筑史上的经典艺术品。数百年前用砂岩装饰而成的罗浮宫、英伦皇宫、美国国会大厦、哈佛大学、巴黎圣母院等，至今风韵犹存，经典永在，如图4-6所示。砂岩作为雕塑必须有化学物质作媒介，因此，其结实程度没有花岗岩、大理石好，且颜色均匀程度也较前者差一些。

美国国会大厦雕塑　　　　　　　　巴黎圣母院雕塑

图4-6　砂岩雕塑

4.1.4　青石

青石主要是浅灰色厚层鲕状岩和厚层鲕状岩夹中豹皮灰岩，面呈灰色，新鲜面为深灰色鲕状结构、块状构造及条状构造。青石由鲕粒和胶结构两部分组成，鲕粒约占60%，粒径为0.5毫米，具有放射状和同心环结构，多为正常鲕和变形鲕，局部见变形鲕；胶结构为细晶解面及少量黏土。豹皮灰岩一般为浅灰色、灰黄色，新鲜面呈棕黄色及灰色，局部呈褐红色，基质为灰色，多是细粉径晶方解石，宜用于制作浮雕，造价偏低。

4.2　木质雕塑

凡是由木质雕刻而成的艺术造型均称为木雕。木雕在我国有7000多年的历史，最早发现的木雕是在新石器晚期。木质雕塑因材料本身容易干缩、湿胀、翘裂、变形、霉烂、虫蛀，不宜制作永久性大型景观雕塑，一般为小型架上的景观雕塑。木雕构图一般以圆木的周边为限，利用树木弯曲的自然形态，因材施艺少加斧凿，可以不失天然趣味。常用的木材有楠木、檀木、梨木、樟木、龙眼木、核桃木、乌木、楷木、杉木等。木雕可利用材质的自然形态和美丽纹理，雕刻出视觉感受独特的作品。

近年来，木雕艺术得到了很大的发展，著名的木雕品种有：浙江的东阳木雕、宁波的朱金木雕、乐清的黄杨木雕、福建的龙眼木雕、广东的金木雕等。

4.2.1 东阳木雕

被誉为我国木雕之乡的浙江东阳有千余年的木雕历史，北京故宫及苏、杭、皖等地都有精美的东阳木雕留传下来。东阳盛产适于雕刻的樟木，其雕刻作品应用在建筑、装饰等领域。特别是木浮雕，借鉴了传统散点透视图的方法、俯视透视法构图，构图饱满，多而不乱，层层镂空，保留平面，不伤整粒。东阳木雕又称"白木雕"，自唐至今已有千余年历史，是中华民族最优秀的民间工艺之一，被誉为"国之瑰宝"。图4-7所示为东阳木雕艺术品。

图4-7 东阳木雕艺术品

东阳木雕与青田石雕、黄杨木雕并称"浙江三雕"。相传早在1000多年前，东阳人就开始其木雕艺术，他们世代相传，创造了众多千古佳作，造就了无数木雕艺人，从而成为著名的"雕花之乡"。东阳木雕能够在众多雕刻流派中脱颖而出，与其本身的艺术风格和地方特色密不可分，具体表现为雕刻用材、雕刻技法、作品表面处理、雕刻题材。

1. 雕刻用材

相对于因雕刻用材而闻名的乐清黄杨木雕、福建龙眼木雕，东阳木雕以色泽淡雅、纹理致密、香气浓郁、防蛀耐腐、不易变形开裂的当地产樟木为主要用材，同时在满足其对雕刻用材的特点要求的前提下，可采用椴木等外地木材替代，用材面较宽。

2. 雕刻技法

相对于以圆雕技法为主的乐清黄杨木雕、福建龙眼木雕，东阳木雕以平面浮雕为基本雕刻技法，是一种装饰性浮雕。其平面浮雕依据表现对象的要求，按雕刻深度可细分为阴雕、薄浮雕、浅浮雕、深浮雕、透(拉)空雕、镂空雕、高浮雕乃至多层叠雕等。在构图技巧上采用散点透视、线面结合、适当保留平面的方法，以构图饱满、层次丰富见长。同时，东阳木雕十分强调平面装饰，从框架结构到边线纹饰处理，处处洋溢着一种装饰美。

3. 作品表面处理

相对于漆朱贴金、金碧辉煌的广东潮州金漆木雕和宁波朱金木雕，东阳木雕以保留原木本色纹理、不施重彩深色，崇尚素、淡、雅为特色，故称"白木雕"。

4. 雕刻题材

东阳木雕以层次和高远的手法来处理透视关系，可以不受"近景清楚、远景模糊"等西方雕刻(焦点透视)的束缚，因此具有更强的表现力。凡吉祥动物、神话传说、寄情花木、风流人物、民族风情、冶性书法、抽象图案等，均可雕刻。可以说，凡能入诗入画的题材，东阳木雕均能表现。这就给了雕刻艺术家们广阔的表现舞台，使得东阳木雕争奇斗艳、美轮美奂。

4.2.2 朱金木雕

朱金木雕是木雕上贴朱金漆的木雕工艺，造型古朴生动、刀法浑厚、金彩相间、热烈红火。木雕构图饱满、雕刻精美，内容多是喜庆吉事、民间传说等，具有宁波独特的地方风格。朱金木雕以樟木、椴木、银杏木等优质木材做原料，采用浮雕、透雕、圆雕等形成，运用了金饰彩，结合砂金、碾金、碾银、沥粉、描金、开金、撒云母、铺绿、铺蓝等多种工艺手段，并涂以中国大漆而成。唐代高僧鉴真及弟子在日本建造的昭提寺就采用很多朱金木雕做装饰，其中讲经殿、舍利殿等的朱金镂雕风格与现存的宁波阿育王寺装饰雕刻十分接近。朱金木雕工艺已有1000多年的历史，它源于汉代的雕花漆和金箔贴花艺术，属彩漆和贴金并用的装饰建筑木雕，多用于寺庙的建筑装饰与佛像制作，如图4-8所示。

图4-8 寺庙的建筑朱金木雕装饰

宁波朱金木雕的人物题材多取自京剧人物的姿态和服饰，称为"京班体"。相传100多年前，宁波城内有一位徐莜照师傅，能雕大过1丈、小至1寸的各类人物。他每次从城隍庙看戏回来，戏里人物的骨架就已想好。京班体的构图格局均采用主视体，将近景、中景和远景处理在同一平面上，前景不挡后景，充实饱满、井然有序；在表现手法上，采用"武士无颈、美女无肩、老爷凸肚、武士挺胸"的民间表现手法，使传统的宁波朱金木雕妙趣横生、引人入胜。朱金木雕的漆工修磨、刮填、彩绘、贴金和描花都十分讲究，所以有"三分雕、七分漆"之说。正是这种工艺，使朱金木雕产生了富丽堂皇、金光灿烂的效果，颇具地方特色。

4.2.3 黄杨木雕

黄杨木产于温州、乐清等地，其木质坚硬、表面光滑，但生长缓慢、木料较小，适合雕刻小件作品。黄杨木雕因所用雕刻木材是黄杨木而得名，其操作比较细致，分为构思草图、塑制泥稿、选用木料、操作粗坯、镂空雕实坯、精心修细、擦砂磨光、细刻发纹、打蜡上光、配合脚盆等十多道工序。其中缕雕技法是木雕中最精巧的一门技艺，它能使产品玲珑剔透、精巧绝伦、雅致美观，并产生动态效果。

黄杨木雕最早是作为立体雕刻的工艺品单独出现，供人们案头欣赏。目前有实物可考的是元代至正二年(1342)的"李铁拐"像(见图4-9)，现保存在北京故宫博物院。明清时期，黄杨木雕已经形成独立的手工艺术风格，并且以贴近社会的生动造型和刻画的人物形神兼备而受到人们的喜爱，内容题材大多表现中国民间神话传说中的人物。晚清民国以后的黄杨木雕圆雕小件因古朴而文雅的色泽、精致而圆润的制作工艺，以及适宜把玩和陈设等特点，一直深受收藏者的喜爱，而朱子常的黄杨木雕作品更是收藏界梦寐以求的精品。

乐清黄杨木雕有三种类型，造型理念、技艺及程序都不一样：一是传统类，以单一的人物造型为主，也有群雕或拼雕；二是根雕类，以天然黄杨木根块为材料，利用树根造型；三是劈雕类，将无法用作人物雕刻的木块劈开，取其劈裂后的自然纹理立意雕刻，一切顺其自然，不作精雕细刻。传统类的雕刻有人物范型，材型要与之相适合，故有泥塑构稿、选材取料、敲坯定型、实坯定格等程序；而根雕则随机应变，构思的灵活性很大，无须泥塑构稿，而必须注意保持树根特有的造型意味；劈雕则将注意力转移到纹理的造型基础上。图4-10所示为乐清黄杨木雕艺术品。

图4-9 "李铁拐"木雕

图4-10 乐清黄杨木雕艺术品

4.2.4 龙眼木雕

福建龙眼木雕是福建木雕中最具代表性的工艺品，也是我国木雕艺术品中独具风格的传统工艺品，因其使用的雕刻材料是福建盛产的龙眼木而得名。龙眼木(桂圆树)材质坚实、木纹细密、色泽柔和。老的龙眼树干，特别是根部，姿态万千，是木雕的上好材料。龙眼木雕以圆雕为主，也有浮雕、镂空雕。作品需经打坯、修光、磨光、染色、上漆、擦蜡、装牙眼等十多道工序才能完成。打坯方式比较特殊，最著名的说法为"五头抱一头"，即膝盖头、手腕头、两肩膀头和头部都挤于一块的姿态。这是雕刻小件作品的特征，即将木坯放在一个80厘米高的木墩上，用脚板挟住加工件，再抢杆下刀。雕刻大件作品时，通常使用斧头砍劈出坯。熟练的技工有"一斧抵九凿"之功，即几斧就能砍出作品的轮廓。龙眼木雕造型生动、稳重、布局合理，结构优美，既有准确的解剖原理，又有生动的夸张变形。刀法上既有粗犷有力的斧劈刀凿感，又有细腻娴熟的刻画。人物形神兼备、衣纹流畅，具有不同的质感。作品色泽古朴、稳重，具有"古董"之美，如图4-11所示。

图4-11 福建龙眼木雕

福州龙雕艺人主要有象园村的柯派的柯世仁、木坂村的陈派的陈天锡、雁塔村的漆器派的王清清。由于适宜雕刻的天然树根不易取得，大坂村的艺人陈天锡采用当地盛产的龙眼木材，用其根部或节疤雕刻成天然根状，或以香火烙成腐蚀疤节，再刻成人物、飞禽、走兽等。后来，象园村的艺术人们也随之普遍使用龙眼木进行雕刻，从而形成了福建特有的龙眼木雕工艺品。柯派不但精于景物的设计布局，还善于运用机械原理，使作品能够活动，从而增加了作品的情趣和意境。当时陈派还创造性地采用骨、玻璃制作牙、眼，并将其装配在龙眼木雕的人物、动物上，使作品富有生气。漆器派比较擅长雕刻图案花纹，以及和漆器相结合的浮雕花鸟作品，作品构图错落有致、装饰性强，丰富了福州的漆器装饰技法。

4.2.5 金木雕

金木雕又称金漆木雕，它的特点是先木刻后贴金。漆是为金箔附于木上粘贴而配置的，起防潮、防腐的作用。金漆木雕以庄严华丽、金碧辉煌、玲珑剔透、装饰感强而闻名于世。

在艺术上，金木雕有独特的风格；在构图上，吸收了中国绘画散点透视的传统技法；在人物题材作品上，往往依据故事情节的发展和题材内容的需要，把不同时间、空间的人物组合在同一画面中，分成主次和上下，采用"之"或"S"形的构图形式依次联系起来，将来龙去脉交代清楚，层次分明、布局匀称，使之成为有机的整体。图4-12所示为金木雕艺术品。

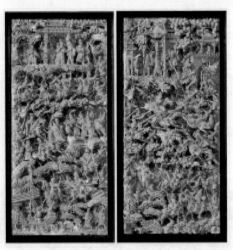

图4-12　金木雕艺术品

金木雕雕刻技法多样，以多层次的镂雕见长，一般为2～6层，镂空穿透，最适宜表现亭台楼阁、花篮、蟹笼等。不论是人物还是景物，都采用夸张的手法，富有装饰性，趋向于图案化。有的挂屏通体贴以金箔，以朱红漆托底，使镂雕部分的金箔与底部的朱红漆相辉映，显得富丽而华贵。用于建筑装饰的作品，人物的身长往往只有5个头身，或景小于人，树叶比人的脸部还大等，虽然不合乎解剖和透视的原理，但由于符合人们仰视观赏和构图上的需要，因而取得了良好的效果。

除了传统的木雕之外，由于时代的不同和审美观念的变化，不少当代艺术家对木材的使用表现出任意性、反传统性和逆规范性，以充分展现自然美为出发点，巧妙地利用木材自身的造型、肌理，并采用多种制作手法，创作出了不同肌理、形态脱俗的木雕作品。

其他较为著名的木雕还有北京工艺木雕、苏州木雕小件、泰州彩绘木雕、贵州苗族龙舟雕等，都具有民族特色或地方特色。

4.3　泥质雕塑

泥质雕塑简称泥塑，泥塑在中国雕塑史上有重要的地位、悠久的历史。这类雕塑艺术品主要是以泥土为原料，手工捏制成形，或素或彩，以人物、动物为主，具有民间、民族色彩。泥塑的制作过程要求精细，由于原材料多为土，所以，这类雕塑的保护极为重要。

4.3.1　什么是泥塑雕塑

　　泥塑也被称为"彩塑"，是中国传统的一种古老的、常见的民间艺术，其特点是造型与彩绘结合完成整体形象，塑造造型时必须有彩塑的实施考虑，形体塑造要比一般雕塑更概括，有"三分塑、七分画"之说。

　　泥塑主要是用细致的黏土、沙子、棉花等混合物来雕塑，要通过多次干后修补，用胶水裱糊上一层棉纸，再涂抹上一层白粉胶色，然后画上需要的各种颜色，最后涂抹上一层油，以保护彩色的鲜艳。中国的泥塑多为彩色，并且大多体现在佛教造像艺术上，典型的泥塑有敦煌石窟、太原晋祠、山西平遥双林寺、济南灵岩寺、清代天津泥人张等。

　　图4-13所示为宋代晋祠中的彩塑雕像，在圣母殿内尚存的43尊彩绘塑像中，除圣母像两侧的小像是后来增补的外，其余都是宋初原塑。在大殿正中幔帐内的圣母像，头戴凤冠，面部静谧慈祥，双腿盘坐在木制的方座上，一只手放在胸前，另一只手放在腿上，手指隐在袖内，身上穿着的蟒袍沿着膝盖垂向座位下边，整个塑像形态显得稳定而端庄。这些侍女各自都有比较鲜明的个性，并显示出不同的气质风韵。有的好像是在招呼微笑，有的似乎在窃窃私语，彩塑侍女个个塑造得面目清秀、圆润俏丽、从容自若。观看这些彩塑侍女几乎能感到她们的呼吸和脉搏的跳动，仿佛听到年轻侍女们的窃窃低语，表达了宋代青年女性的生活和情感，也体现了宋代雕塑注重对人物心理刻画的艺术特点。

图4-13　宋代晋祠彩塑雕像

 案例4.2

济南灵岩寺彩塑罗汉像

　　图4-14所示为济南灵岩寺彩塑罗汉像，位于长清县万德镇灵岩寺主体建筑千佛殿内，40

尊彩塑罗汉分布在四周的台座上，均为坐姿，高约1.50米。其中27尊为宋塑，13尊为明塑。其形体比例、相貌不但符合一般人体生态，并具有山东人强壮魁梧的特征。衣着表现手法简洁疏朗，衣饰卷褶自然。这批塑像塑造技艺精湛，塑像神态生动，栩栩如生，是研究我国佛教史、雕塑史和美术史的珍贵材料。

图4-14　灵岩寺彩塑罗汉像

4.3.2　泥塑的制作流程

泥塑的制作流程为：做小稿、扎架子、绑麦秆、塑造用泥制作、裱纸或打底白粉、彩绘、沥粉。

1. 做小稿

准备扎架子的用料。做小稿可以充分验证雕塑方案的可行性，还可以作为比例尺应用，可以按比例放大。小稿的材料可以用泥塑制作，也可以翻制成硬质材料。

2. 扎架子

扎架子是小型泥塑与大型泥塑的区别，大中型泥塑都需要扎架子，架子形成的空间深度决定了泥塑像的体量空间。因此，架子的中心线与泥塑相对应部位的中心线相同。扎架子露在外面，在翻制时可以去掉，但彩塑则不同，架子如果扎不好，将影响整个雕塑的进程。

3. 绑麦秆

绑麦秆是指架子扎好以后，就可以根据各部位的体量，在架子上绑好厚薄不一的麦秆。加麦秆的目的是使外面的泥料在干燥收缩时有收缩的余地，以减小泥料的开裂程度。

4. 塑造用泥制作

彩塑的用泥一般可分为粗沙泥、细沙泥、棉花泥三种。用含沙泥的目的是减少泥巴干燥时的收缩程度。

(1) 粗沙泥：用在麦秆的外面、细沙泥的里面，是三种泥中最里面的一层。

(2) 细沙泥：用在粗沙泥的外面、棉花泥的里面，沙子的颗粒越小越好。

(3) 棉花泥：用在泥塑的最外层，棉花揪送与泥掺在一起，反复捶打。捶打一遍之后加一遍棉化，如此反复，直到可用为止。

5. 裱纸或打底白粉

泥塑完成后，为了确保色彩鲜艳和施粉方便，可以裱纸或用白粉打底。

6. 彩绘

彩绘可以选择矿物质颜料，因为它们更耐久。市场上没有销售的颜色，可用同类的陶瓷釉色烧结后碾粉调用。金银色可用贴金银箔的方式代替。

7. 沥粉

彩绘中的沥粉是指画出有立体感的线条。沥粉所用的材料是将清漆与立德粉调和至合适的状态而得。

至此，泥塑的所有制作工艺都完成了。

4.3.3　泥塑的保养方法

导致古代泥塑破损的原因有很多，下面介绍四种原因以及保养方法。

1. 自然因素

自然因素包括水溶性盐类及支撑内部结构的变化，微生物的生长，物理气候(通常指温度和湿度)的变化，日晒、雨淋以及风沙的侵袭，大气污染物的作用等。此外，不正确的修复方法以及使用了一些不适当的修复材料，往往也会加速泥塑的变质。

2. 泥塑常见的病变现象

泥塑常见的病变现象主要有空臌、剥落、酥粉、龟裂起甲、起泡、脱胶掉皮、画面褪色、变色及污染(霉斑、昆虫屎斑、烟熏等)。泥塑长期保存下去，重要的是创造良好的保护环境。防止病变的发生比治理病变更加重要，只有彻底地消除、产生病变的根源，才能从根本上保护好泥塑。

3. 泥塑的保护最重要的还是控制好湿度

因为潮湿是使泥塑产生病变的最危险因素，因此建筑物应保持良好的通风条件，这对于保存泥塑的完整性有很大意义。墙壁要注意保持自然通风，建筑物内空气要保持清洁、干燥，建筑物附近不应有丛生的杂草，在保存壁画的环境内，温度和湿度要适宜，并且比较稳定，上、下变动不宜过大。只要能做到这点，霉菌和其他微生物也就难以生长和发展了。

4. 避免阳光直射

保养泥塑要避免光的影响，绝对不许阳光直射到泥塑上。倘若已排除了过量的潮气，一般来说在暗处保存泥塑较为有利。最好采用人造光源照明，这样便于控制照明度，更有效地消除光线对泥塑的损害。要防止灰尘、煤烟以及各种有害气体对泥塑的危害。作为个人收藏的中小型泥塑，也应遵守以上保管事宜。

4.4 陶瓷雕塑

陶瓷产于中国，它是用精制的黏土，经过雕塑成型，绘以各种釉彩，入室外火烧而成。陶瓷雕塑品种很多，且实用性、观赏性都很强。典型的陶瓷雕塑有秦代的《兵马俑》、东汉的《说唱俑》、明代的《达摩过江》等。

4.4.1 陶瓷雕塑的分类

陶瓷雕塑按使用功能通常分为器皿形的陶瓷作品、陶瓷雕塑作品、景观陶瓷作品。

1. 器皿形的陶瓷作品

这类作品以陶为材料，利用陶土特有的质感，隐喻本真的回归，探索纯粹的形式构成。但它和传统器皿注重实用不同，现代陶瓷实用和美的功能开始分离，重新塑形成陶瓷艺术新的课题。

2. 陶瓷雕塑作品

这类作品侧重自我观念的表达，艺术家可以把这种对于自我的探求诉诸艺术作品之中。陶瓷作为表现自我的手段，艺术家在作品中倾注了某种感情或认知，敏感地把握了自我的生存状态，实际上也就表现了当代社会生活的共同经验。

3. 景观陶瓷作品

陶瓷与其他材质相结合，从而组成环境艺术的一部分。这类陶瓷作品完全摆脱了传统意义上的陶瓷概念，从室内走向公共空间，从实用性发展成为以观赏性为主的陶瓷雕塑艺术品。

 知识拓展

陶瓷按使用功能可分为日用陶瓷、艺术(工艺)陶瓷、工业陶瓷。
- 日用陶瓷：如茶具、缸、坛、盆、罐、盘、碟、碗等。
- 艺术(工艺)陶瓷：如花瓶、园林陶瓷、器皿、相框、壁画、陈设品等。
- 工业陶瓷：指应用于各种工业的陶瓷制品。

案例 4.3

亚洲艺术之门

图4-15所示为亚洲艺术之门，原方案由陈舒舒、魏华设计，修正案由李敏设计，修正案立体中稿由简锡昭、李敏、薛里昂等人创作完成。佛山市雕塑院承担了方案修正和建造工作，包括修正案立体中稿创作、1∶1.13泥稿放大、石膏模翻制、陶塑印坯成型、坯体烘干、表面施釉处理、运输和安装等。其烧制工作则由佛山市禅城区人民政府等完成。

图4-15 亚洲艺术之门

成型的"亚洲艺术之门"由2839块陶板组成，浮雕面积830多平方米、两扇"门"实际烧成高度分别为17.6米和15.6米。目前，它是世界上最大的现代陶塑作品，是第一部以陶土锻造的大型亚洲艺术文明史诗，也是千年陶都佛山陶艺发展的里程碑。

"亚洲艺术之门"是集体智慧的杰作，是团体协作的结晶，是佛山陶文化的形象标志，是佛山人民献给第七届亚洲艺术节的永恒厚礼。

"亚洲艺术之门"体现了兼收并蓄、融古贯今、博大精深、开明开放的岭南陶艺文化。它是亚洲艺术公园的标志，既是艺术品，也是文化象征，象征着亚洲文化的交流和开放，寓意开放、交流、融汇、升华。它是一扇"艺术凝聚亚洲，文化沟通世界"，展示"魅力佛山，文化亚洲，艺术世界"的大门；它是一扇亚洲文化交流、开放、升华和中国文化传承、发扬、与世界融合、与亚洲共创辉煌的大门；同时它也是一扇"让世界了解佛山，让佛山走向世界"的大门。

4.4.2 陶瓷雕塑的制作流程

陶瓷雕塑的工艺制作流程有淘泥、摞泥、拉坯、印坯、修坯、捺水、晾干、画坯、上釉、烧窑。

1. 淘泥

淘泥是制作陶瓷的第一道工序，把泥淘成可用的瓷泥。

2. 摞泥

淘好的瓷泥并不能立即使用，而要将其分割开来，摞成柱状，以便于储存和拉坯用。

3. 拉坯

将摞好的瓷泥土放入大转盘内，通过旋转转盘，用手和拉坯工具将瓷泥拉成瓷坯。

4. 印坯

拉好的瓷坯只是一个雏形，还需要根据要做的形状，选取不同的印模将瓷坯印成各种不同的形状。

5. 修坯

刚印好的毛坯厚薄不均，需要通过修坯这一工序将印好的毛坯修刮得整齐匀称。

6. 捺水

捺水是一道必不可少的工序，即用清水洗去坯土上的尘土，为接下来画坯、上釉等工序做好准备。

7. 晾干

使坯中的水分完全挥发，以备素浇或釉浇。

8. 画坯

在坯上作画是陶瓷艺术的一大特色，是陶瓷工序的重点。画坯有多种，有写意的，也有贴好画纸勾画的。

9. 上釉

画好的瓷坯，粗糙又生涩，上好釉后则全然不同，光滑而又明亮，而且不同的上釉手法，又有全然不同的效果。

10. 烧窑

千年窑火，延绵不息，经过数十种工具精雕细琢的瓷坯，在窑内经受上千摄氏度高温的煅烧，最终可产生美丽的陶瓷制品。

4.5 金属雕塑

金属雕塑是用铜、铁、铝、不锈钢等金属材料，经过铸造、锤打、拼焊等手法雕塑而成，一般适宜制作大型永久性雕塑。金属雕塑具备其他材料所不具备的重量感和质感，所以得到众多雕塑艺术家的青睐。下面介绍不同材料金属的制作流程以及加工工艺。

4.5.1 铸铜

铜雕塑产生于商周时期，是以铜料为坯，运用雕刻、铸塑等手法制作的一种雕塑。铜雕艺术主要表现了造型、质感、纹饰的美。古代铜雕多用于表现神秘而有威慑力的宗教艺术品，其造型多呈威严粗犷、端庄沉稳之态，表现出浑厚、富丽辉煌的质感。铜雕的纹饰主要为饕餮纹，或以动物头部造型，再以鸟、兽、鱼部分形体组成抽象的图案来衬托铜雕造型。

中国历史上重要的铜雕艺术品有晚商的"司母戊鼎"以及汉代的"马踏飞燕"等。铸铜工艺比锻铅工艺复杂，艺术创作的复原性好，因此适合作为精细作品的材料，很受艺术家的喜爱。近现代人物雕塑最常见，图4-16所示为罗丹的《青铜时代》。

图4-16 《青铜时代》雕塑

中国现代景观雕塑中，众多的名人雕塑也采用了铸铜工艺，如山东济南泉城广场文化长廊的齐鲁名人雕像，如图4-17所示。

图4-17 齐鲁名人雕像

铸铜雕塑工艺制作流程有：泥塑、矽胶开模、制作树胶原型、修整树胶坯体、再制作矽胶模具、制作石蜡原型、石蜡原型修整、砂模(陶壳)制作、锻造、产品铸件修整及表现处理。

1. 泥塑

每一件产品都需要一个泥塑原型，雕塑艺术家在原创预设稿的基础上反复修改，泥塑的造型、精神韵味及意图的呈现直接影响最终产品的好坏。

2. 矽胶开模

矽胶开模用于制作模具，精细度高。

3. 制作树胶原型

矽胶模具制作完成后，就可以灌制出雕塑原型的树胶坯体。

4. 修整树胶坯体

修整树胶坯体是对坯体表面和最后的打磨及肌理效果的处理及调整。

5. 再制作矽胶模具

将修整好的树胶坯体再次进行制作成矽胶模具。

6. 制作石蜡原型

再次制作出来的矽胶模具已经很完整了，加热熔融的石蜡被加工压射入矽胶模具，从而打造出一个蜡坯。此蜡坯为将要生产产品的真实外形复制器。

7. 石蜡原型修整

从矽胶模具中灌制并剥离出来的石蜡原型，其表面遗留有模具的模线及有少许损坏，所以石蜡原型需要再对照流程3中的树胶原型坯体做修整。这是很重要的环节，会直接影响到产品最后的造型及表面效果。

8. 砂模(陶壳)制作

将多个蜡坯组成树串，连续多次重复浸入泥浆，外层包埋并除湿干燥，将陶壳制成9毫米(5～7层)厚，再将此树串放入高热140℃～160℃的烘箱或高压蒸汽锅内消融蜡坯，直至形成中空陶壳。

9. 锻造

空陶壳被放入加热，使黏结炉依不同合金材料以1000℃～1150℃加热并黏结，立刻将铜液铸入陶壳，冷却后将上层陶壳震破，剥离出来的就是铜质的产品粗坯体。

10. 产品铸件修整及表现处理

对锻造出来的铜产品做喷砂及清洁处理，并做切割、研磨、热处理、整形、机加工、抛光等最后处理。

4.5.2 锻铜

锻铜浮雕又称錾铜或敲铜，是一种区别于铸铜的工艺，是在铜板上进行创作，利用铜板的延展性，加热后质地变软、锤打后又恢复坚硬的特性，最终制作出艺术品、日常生活用品、工业用品的錾刻工艺。錾刻工艺的操作，是在设计好器形或图案后，按照一定的工艺流程，以特制的工具和技法，在金属板上加工出千变万化的浮雕状图案。

随着人们审美情趣的提升，锻铜这一传统工艺在工艺美术领域受到众多艺术家的喜爱。锻铜工艺品的造型主要为平面的片活，片活一般平装在某些器物上或悬挂起来供人欣赏。图4-18所示为锻铜浮雕。

图4-18 锻铜浮雕

锻铜浮雕的制作工艺主要流程有：泥稿制作、翻模、下料和锻制、组装与着色。

1. 泥稿制作

根据设计方案进行同等尺寸的泥塑制作，有时候需要制作小稿，然后再进行小稿放大制作。

2. 翻模

等泥稿完成并经甲方确认后就可以翻模了，这里一般是用玻璃钢稿翻制。

3. 下料和锻制

小型锻铜工艺或大型锻铜雕塑局部加工可以采取氧气加乙炔生产高温加热，大型锻铜雕塑就需要生炉火鼓风加热，等加热后用铁皮将铜板敲打平整。将适当比例的松香和土等原料放在容器内融化，再将其倒入四周有3～5厘米高出边沿的工作台，用于固定加热后的铜板。锤子和錾手的运用则是整个锻铜工艺最关键的，每个锻铜师傅手中都有上百把形式各样的錾手，在铜板上用这些錾手勾勒出高低起伏的线条(就是我们所说的"走线")，快速准确地按图纸走线是需要下几年工夫的，尤其是一些复杂图案，比如人物的面部、花鸟造型等。

4. 组装与着色

在锻造进行到一定阶段时，即可将锻制好的铜板根据玻璃钢稿依次焊接组装，然后就可以进行打磨刨光和上色处理，等着色完成后需喷涂保护漆，等做完这些工作后，一件锻铜雕塑作品就算完成了，最后安装即可。

4.5.3 不锈钢

不锈钢又称不锈耐酸钢，由不锈钢和耐酸钢两大部分组成。其中，能抵抗大气腐蚀的钢叫作不锈钢，能抵抗化学介质腐蚀的钢叫作耐酸钢。由于不锈钢有诸多优越性，因此，它成为现代景观雕塑的原始材料。不锈钢雕塑简洁大方、形体感明显，且光影效果强烈、颜色的选择性较大。

图4-19所示为上海万人体育馆前的不锈钢雕塑，不锈钢的耐腐蚀性成为设计师的首选材料，利用钢的坚硬性表现出运动员们的坚强与耐力，努力拼搏，比赛坚持到最后。

图4-19　上海万人体育馆前的不锈钢雕塑

不锈钢雕塑的制作工艺流程有：制作泥塑小稿、将小稿等比例放大、防护处理、不锈钢雕塑蒙版处理、对雕塑进行抛光与喷漆、运输安装、细部修复。

1. 制作泥塑小稿

不锈钢雕塑等比例小模型制作，小样可以是泥塑，也可以是玻璃钢等。泥塑时间长容易干裂，需根据制作周期选定。

2. 将小稿等比例放大

不锈钢雕塑钢架结构放大样制作，分雕塑主钢架和成型辅助骨架，雕塑主材为槽钢、圆管、角钢、造型钢管等。

3. 防护处理

不锈钢雕塑钢架结构防护处理，除去雕塑骨架焊接部位的焊渣，检查雕塑有无虚焊部位，并做除油、除锈处理，用进口防锈漆做三涂防护。

4. 不锈钢雕塑蒙版处理

不锈钢雕塑蒙版材料主要为304不锈钢板，厚1.5～2.0毫米，手工锻造雕塑外形，氩弧焊满焊。

5. 对雕塑进行抛光与喷漆

抛光有亚光和镜面光两种，抛光轮同向移动使纹路一致，另喷漆的雕塑一底两面，需连续4小时在5℃以上的气温条件下作业。

6. 运输安装

可以选用汽车进行不锈钢雕塑的运输安装，大型景观雕塑需要现场拼接，雕塑吊装时要选好重心，使用对角线法。

7. 细部修复

大型景观雕塑在运输吊装时固定点的位置容易受损，需要恢复后再正式移交使用。面积较大的部位，要选用原来调配好的油漆进行修复，防止出现色差。

 知识拓展

除了上述几种雕塑材质之外，还有一种玻璃钢雕塑，它是用合成树脂和玻璃纤维加工成型，特点是质轻而强度高，成型快速、方便，可制作体积大而支撑面小的雕塑构图。无色透明的树脂可制作出透明度很高的玻璃体雕塑。供树脂用的各种色浆可使雕塑表面获得饱和度很高的各种鲜艳色彩，也可镀铜仿金，材料本身具有现代感和装饰趣味。

 案例4.4

滑梯雕塑

在公园等公共场所，滑梯成了小朋友们的最爱，世界各地有不同特色、种类的滑梯。图4-20所示为滑梯雕塑，既是一个供游客玩耍的滑梯，又是一个雕塑艺术品。

不锈钢材质造就了滑梯的坚硬度，也让家长放心孩子在里面玩耍。绘制的各种纹路，好似动脉血管，而整个雕塑就像是人的骨头，很有创意。

图4-20　滑梯雕塑

4.6　综合案例：冰激凌雕塑

现代社会，由于工业、电子等多种原因的污染，全球气候逐渐变暖，将危害人类以后的生存和发展。雕塑艺术家利用这一主题，将保护环境与雕塑融为一体进行创作。

图4-21所示为冰激凌雕塑，设计师选用不锈钢作材质，调配出粉、白、黄等鲜亮的颜色为其着色，位于人流量较大的海边沙滩上，这是为了方便更多的人可以观看到它，警示全球变暖的创意——融化汽车雕塑，汽车就像冰激凌一样融化了，预示着全球变暖，什么都在融化，激发人们爱护环境人人有责的意识。

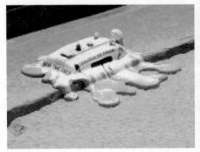

图4-21　冰激凌雕塑

本章小结

景观雕塑使用的材料种类很多，按所用的制作材料分类，可以分为石雕、木雕、泥塑、陶瓷雕塑、金属雕塑、玻璃雕塑等。在雕塑上施以粉彩，叫作彩雕或彩塑。本章主要介绍景观雕塑的原料，即材质种类，以及各自的特点。通过对本章内容的学习，使学习者掌握不同材质的景观雕塑的制作工艺流程。

教学检测

一、填空题

1. 天然石雕常用的石材有_____、_____、_____、_____等。

2. 花岗岩是一种岩浆在地表以下凝结形成的火成岩，主要成分是_____、_____和_____。

3. 著名的木雕品种有：_____、_____、_____等。

4. 泥塑主要是用细致的_____、_____、_____等混合物来雕塑。

5. 金属雕塑是用_____、_____、_____、_____等金属材料，经过铸造、锤打、拼焊等手法雕塑而成。

二、选择题

1. (　　)属于石灰岩，是在长期的地质变化中形成的。

　A．花岗岩　　　　　　　　　　B．大理石

　C．砂岩　　　　　　　　　　　D．青石

2. (　　)由碎屑和填隙物组成，碎屑成分以石英为主，其次是长石、岩屑、白云母、绿泥石、重矿物等。

　A．花岗岩　　　　　　　　　　B．大理石

　C．砂岩　　　　　　　　　　　D．青石

3. (　　)主要是浅灰色厚层鲕状岩和厚层鲕状岩夹中豹皮灰岩。

　A．花岗岩　　　　　　　　　　B．大理石

　C．砂岩　　　　　　　　　　　D．青石

4. 《马踏飞燕》所用的材质是(　　)。

　A．铸铜　　　　　　　　　　　B．锻铜

　C．不锈钢　　　　　　　　　　D．玻璃钢

5. 不锈钢又称不锈耐酸钢，由(　　)和(　　)两大部分组成。

　A．铸铜　　　　　　　　　　　B．耐酸钢

　C．不锈钢　　　　　　　　　　D．玻璃钢

三、问答题

1. 泥塑雕塑的制作工艺流程有哪些?

2. 陶瓷雕塑的制作工艺流程有哪些?

第**5**章

景观雕塑基座、视觉、照明

 学习目标

- 了解景观雕塑的基座种类。
- 熟悉景观雕塑的视线图解。
- 掌握景观雕塑的照明设计。

伦敦街头肖恩羊雕塑

从2015年3月开始，英国伦敦街头出现了一群可爱的动物雕塑——肖恩羊，由120名设计师进行彩绘设计，被安置在伦敦的大街小巷，不仅为电影《小羊肖恩》做宣传，而且还迎合了中国传统羊年的应景气氛。许多游客纷纷与之合影留念，我国的《花儿与少年》真人秀中的几位演艺人员也是如此。

《小羊肖恩》原是英国在2007年推出的一部动画片，它讲述一只独立、有想法、有冒险精神、聪明，还很会发明的领头羊的故事，它有一种与生俱来的责任感，愿意为自己造成的混乱局面买单。鲜明的性格使得它在羊群中独树一帜，它玩乐成性，标新立异的性格总是令他陷入棘手的状况。场景发生在英国一座乡村农场里，故事概要是一个农夫经营着自己的牧场，这位憨态可掬的农夫养着包括绵羊在内的一大群动物，其中有一只叫肖恩的绵羊，它和农夫的狗以及农场里的各种动物一起生活。这部片里动物的智商明显很高，甚至比剧中的一些人类角色还要聪明。它们会听音乐、开汽车。这部片的特点是剧中角色并无任何语言对话，仅有"叽里呱啦"的发音，但制作公司通过角色之间的动作交流，让观众了解剧情发展。

在英国进行的民意调查，选出BBC最受宠的儿童电视角色，而阿德曼的动画"shaun the sheep"(小羊肖恩)获得青睐。对于"名羊"肖恩来说，2015年是非常重要的一年，它主演的电影不仅在年初上映，还有件对于雕塑和艺术界来说也非常重大的事情——120只独立设计的巨型肖恩雕像出现在英国伦敦和布里斯托尔的街头。这件被策划成重大的公共艺术项目的活动"Shaun In The City"(肖恩在城市)，于3月在伦敦推出，"小羊肖恩"是继"酷狗宝贝"之后的巨大成功，吸引了180万人次参与并筹集到了450万英镑的资金，项目招募到世界各地的设计师、艺术家进行独立创作，肖恩的创始人尼克·帕克(Nick Park)也参与了该项目。

自"小羊肖恩"的雕塑出现在伦敦，在伦敦大街小巷甚至餐馆里都能见到它们的身影，仿佛将整个伦敦当作它们的欢乐农场，120只淘气的羊"咩咩"地等着你活捉。"小羊肖恩"雕塑的基座与身体是分开的，基座是平式设计，看起来简洁、大方，与彩色的"小羊肖恩"雕塑完美地搭配在一起，如图5-1所示。

图5-1 "小羊肖恩"雕塑

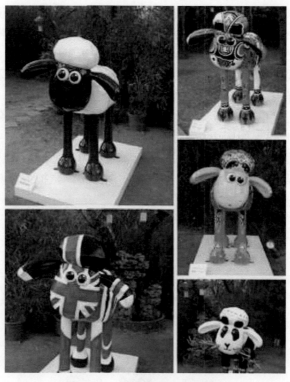

图5-1　"小羊肖恩"雕塑(续)

5.1 景观雕塑的基座设计

　　景观雕塑的基座设计与雕塑一样重要，因为基座是雕塑的一部分。基座设计既与地面环境发生连接，又与景观雕塑本身发生联系。一个好的基座设计可增添景观雕塑的表现效果，也可以使景观雕塑与地面环境和周围环境和谐一致。基座设计的基本类型有四种：碑式、座式、台式和平式。

5.1.1 碑式基座

　　碑式基座大多数是指基座的高度超过雕塑的高度，建筑要素为主体，基座设计几乎就是一个完整纪念物主体，而雕塑只是起点题的作用，因而碑的设计是重点内容。图5-2所示为哈尔滨防汛胜利纪念塔，就是采用圆弧槽线的西洋古典柱身的造型，用环形青铜束腰的过渡处理，使上部立雕与下部浮雕达到统一的效果。

　　这是为纪念哈尔滨市人民战胜1957年的特大洪水，于1958年建成的。哈尔滨防汛胜利纪念塔由塔顶、塔身、基座、喷泉和围廊组成。塔高22.5米，塔身椭圆形，每周由20块反弧形凹槽的花岗岩组成。塔顶是工农兵和知识分子组成的圆雕；塔身下部是群像浮雕，描绘了哈尔滨人民战胜洪水的生动场面。塔身的顶部雕塑着高达3.5米的工农兵知识分子的全身立像，也有俄罗斯人参加抗洪的场面。塔身中部浮雕雕刻着防洪筑堤大军，从宣誓上堤、运土打夯、抢险斗争到胜利庆功等场面，集中描述了人们在防洪斗争中所表现的英雄气概。纪念塔在周围布局上，以塔后身为中心设有20根科林式圆柱，顶端用一条宽带将圆柱两端的画壁连接在一起，组成一个35米长的半圆形罗马式围廊。塔的基座呈方形，上窄下宽，由深绿色花岗碎石砌成，非常坚固耐久，意味着堤防牢固、坚不可摧。基座上方采用了波浪式水泥杆，镶嵌着与真人大小一样的24位古铜色人物浮雕。塔基的上下两层水池，分别标示着1957年和1932年两次特大洪水的水位。而在水池之上的塔基上，一根金黄色的金属线，标示着"1998年特大洪水"在8月22日出现的历史最高水位。塔下阶表示海拔标高119.72米，标志着1932年洪水淹没哈尔滨时的最高水位；上阶表示海拔标高120.30米，标志着1957年大洪水时的最高水位。塔基座前的喷泉池，象征着勇敢智慧的哈尔滨市民，正把惊涛骇浪的江水，驯服成细水长流，兴利除患，造福人民。

图5-2　哈尔滨防汛胜利纪念塔

5.1.2　座式基座

景观雕塑本身与基座的高度比例基本采用1∶1的关系。例如俄罗斯莫斯科的"自由"纪念碑骑马雕像与基座、普希金纪念碑像与基座的比例都是1∶1。这种比例是景观雕塑古典时期的主要样式之一，且能使景观雕塑艺术形象表现得充分、得体。

座式基座过去多采用古典式样。中国古典的基座采用须弥座，各部的比例以及构成非常严谨和庄重。如图5-3所示，中国农业展览馆前广场雕塑群基座采用简化的古典须弥座，但这种基座形式在现代景观雕塑基座中应用得越来越少。如图5-4所示，武汉东湖的屈原纪念碑的基座设计采用了比较简洁的构图手法，形似宝瓶并在基座中央设计了一个云纹浮雕，含蓄地表现了屈原的"天问"意境。

国外以古希腊、古罗马以及文艺复兴时期的柱式基座为主，也有采用古典基座加墙身及檐口的三段式构图。许多古典雕塑纪念碑的基座都是从这些结构演变而来的。例如，英国的瓦特纪念碑、德国歌德与席勒纪念碑的基座都是从古典式样中演变出来的。

图5-3　农业展览馆前广场雕塑　　　　**图5-4　东湖的屈原纪念碑**

　　图5-5所示的歌德与席勒纪念碑始建于1857年9月4日，设计雕像时，在形体上，两位大诗人的像身均为3米，在衣着上，歌德身着当时正式的宫廷服装，手持月桂花环，席勒则身穿普通民服，左手持一卷书写纸张。一位名人称："这座雕像是在德意志土地上的第一座双人雕像，人们普遍认为它是一个杰作，实际上的确是一个杰作。"

图5-5　歌德与席勒纪念碑

　　现代景观雕塑的基座应处理得更简洁，以适应现代环境设计特征和建筑人文环境特征。

5.1.3 台式基座

台式基座是指雕塑的高度与基座的高度的比例在1∶0.5以下，呈现扁平结构的基座。这种基座的艺术效果是近人的、亲近的。亨利·摩尔的许多室外雕塑采用了台式基座。他在伦敦制作的《三个站立的形体》基座高不及雕塑高的1/6，如图5-6所示。运用台式基座的实例还有哥本哈根的《安徒生》雕塑，安置于街道的绿荫之中，如图5-7所示。

图5-6 《三个站立的形体》雕塑

图5-7 《安徒生》雕塑

5.1.4 平式基座

平式基座主要是指没有基座处理的，不显露的基座形式。它一般安置在广场地面、草坪或水面之上。图5-8、图5-9所示的是放置在公园草地上的平式基座雕塑。平式基座显得比较自由，容易与环境融合。

图5-8 少女雕塑

图5-9 眼球雕塑

案例5.1

公园鸵鸟雕塑

公园里有许多雕塑，一方面供游客观赏，另一方面增加了公园的氛围。一般情况下，如果在公园的草地上放置雕塑，多数会采用平式基座，因为这样雕塑可以更好地与场景融为一体。图5-10所示为鸵鸟雕塑，白色的塑身，站立在草地上，头从地面转入土里，又从另一侧突出头部，突出鸵鸟的性格特色，与主体特征相呼应。

图5-10　公园鸵鸟雕塑

5.2　景观雕塑的设计类型

景观雕塑的设计有六种基本类型。

(1) 中心式。景观雕塑处于环境中央位置，具有全方位的观察视角，在平面设计时注意人流特点，中心式雕塑一般设置在广场等地。

(2) 丁字式。景观雕塑在环境一端，有明显的方向性，视角为180度，气势宏伟、庄重。

(3) 通过式。景观雕塑处于人流线路一侧，虽然有180度观察视角方位，但不如丁字式显得庄重。它比较适合小型装饰性景观雕塑的布置。

(4) 对位式。景观雕塑从属于环境的空间组合需要，并运用环境平面形状的轴线控制景观雕塑的平面布置，一般采用对称结构。这种布置方式比较严谨，多用于纪念性景观雕塑。

(5) 自由式。景观雕塑处于不规则环境之中，一般采用自由式的布置形式。

(6) 综合式。景观雕塑处于较复杂的环境结构之中，环境平面、高差变化较大时，可采用多样的组合布置方式。

总的来讲，平面设计是将视觉中景观雕塑与环境要素之间不断地进行调整。从平面、剖面因素去分析景观雕塑在环境上所形成的各种观赏效果。景观雕塑在环境平面上的布置还涉及道路、水体、绿化、旗杆、栏杆、照明以及休息等环境设计。

 案例5.2

大蜘蛛雕塑

加拿大国家美术馆前的广场上，有一青铜浇筑的大黑蜘蛛雕塑。大蜘蛛是美国女雕塑家路易斯·布尔乔亚(Louise Bourgeois)的作品，高30米、宽33米，总重量6000千克。在伦敦、东京都有此雕塑。这座大型蜘蛛雕塑，是路易斯·布尔乔亚于1999年创作的。原本是在伦敦泰特现代艺术博物馆的涡轮大厅展览的，是钢铁和大理石雕塑。加拿大国家美术馆的这座是青铜浇筑的雕塑，是路易斯·布尔乔亚2003年复制的作品。2005年加拿大美术馆耗资230万美元买下，成为加拿大国家美术馆的标志性展品，这个大蜘蛛雕塑名为"妈妈"(Maman)，如图5-11所示。

图5-11 大蜘蛛雕塑

5.3 景观雕塑的视线图解与变形校正

景观雕塑固定陈列在各个不同环境之中，它限定了人们的观赏条件。因此，一个景观雕塑的观赏效果必须事先做预测分析，特别是对其体量的大小、尺度研究，以及必要的透视变形和错觉的校正。景观雕塑观赏的视觉要求主要通过水平视野与垂直视角关系变化加以调整。

5.3.1　视线图解法应用

建筑学中的视线图解法也可以在环境景观雕塑设计中加以应用。运用视线图解法可以帮助人们研究景观雕塑与周围环境的关系，形容雕塑内部的比例关系。

视线图解法也可以解决景观雕塑的倒影问题。有许多景观雕塑布置在水面之上或临水地段上，这就涉及景观雕塑高低与水面大小的尺度关系。为了取得较好的效果，可以借助视图解法，主要是通过三个因素来协调它们之间的关系：预设雕塑位置、高低；水平面的布置；按物理的镜面反射作图法，就可以得到倒影位置图。

图5-12所示为天津文化中心的水上月雕塑，雕塑的下半部分必须由不锈钢铸造，厚度不得少于7毫米。上半部为不锈钢锻造，不锈钢板材厚度不得少于5毫米。通过视线图解法，使雕塑立于水面之上，从远处观赏时，水面形成的倒影与这个雕塑形成了对称构图，非常漂亮。

图5-12　水上月雕塑

5.3.2　透视变形较正

在人们观察高而大的景观雕塑时，会出现被景观雕塑的缩短、自身各部分之间透视变形问题直接影响观赏效果。为了克服景观雕塑的透视变形，从而影响人们对景观雕塑的观赏，在建造景观雕塑时需要将塑身前倾，但这种前倾是有限度的，根据具体情况而定，同时还要考虑重心问题，且景观雕塑以四面环绕观赏为主。

人们观赏景观雕塑较好的位置一般选择处在观察对象高度两倍至三倍远的位置处，如果要求将雕塑看得细致一些，那么人们所在的位置大致处在雕塑高度一倍距离。

图5-13所示的雕塑位于米开朗琪罗在1644年改建的罗马卡比多广场，体现了一部分严谨的视觉构成关系。它从中轴线看过去，广场中心的马可·奥兰科斯雕塑开始是以北面建筑的入口为背景的，直到观赏雕塑达到27度角度时可见整体关系十分完整。当转入观赏雕塑自身，突破了27度角时，背景已变为从属位置。

图5-13　马可·奥兰科斯雕塑

案例5.3

《四棵树》雕塑

　　大通银行广场是艺术家斯基德莫尔、奥因斯和梅里尔一起为摩天大楼设计的公共广场，杜布菲的《四棵树》雕塑就坐落于此。雕塑作品展示的是波浪起伏、形式不规则、具有极端风格的树群，现在就处于都市摩天大楼的脚下，所有的景观都一览无余。它扭曲的比例像是在引人注目的立体丛林中未完工的涂鸦，恰如其分地与旁边高楼呆板的几何形状、橄榄球广场的石板材形成了强烈对比。它可以称得上是曼哈顿区摩天大脚楼下最受欢迎的大自然介入物了，如图5-14所示。

图5-14　《四棵树》雕塑

5.4 景观雕塑的照明设计

景观雕塑是城市规划的重要内容之一，必须从城市总体规划和详细规划文件上确定位置。景观雕塑应注意发掘那些可以表现这个城市特色的题材，是否能成为这个城市的标志，或者成为这个城市的特色景观。

景观雕塑多数被安置在户外，但它的照明设计最好采用前侧光，前侧光的方位应人于50度角，小于60度角最适宜。

景观雕塑照明设计应避免以下三种情况。

(1) 避免强俯仰光，包括正上光与正下光，特别是有强照度的正上正下的强光，这种强光不仅破坏形象，而且还可能会造成恐怖感。

(2) 避免顺光，这也是一种正光，它会使雕塑失去立体感。

(3) 避免正侧光，它会导致"阴阳脸"的不良视觉效果。

图5-15所示为纽约时代广场上的杜菲雕塑，它的摆放位置就比较合理，光线照射没有损坏雕塑的立体感。

图5-15 杜菲雕塑

景观雕塑绝大多数在室外，所以景观雕塑应具有建筑特性，它应与环境、建筑融为一体。黑格尔在《美学》中提出：艺术家不应该先把雕塑作品完全雕好，然后再考虑把它摆在什么地方，而是在构思时就要联系到一定的外在世界和它的空间形式和摆放位置。这样的理论同样适合景观雕塑设计。

5.5 综合案例：广州雕塑公园

广州雕塑公园是全国最大的主题式公园，雕塑与园林艺术相结合，集历史、文化和社会于一体。尊尊塑像、丝丝神韵，令人凝神深思。通过对整个公园的合理规划、整体环境的创造，并综合运用造景元素以获得雕塑所处环境的意境美，追求雕塑与园林的相互依托与融合。每件雕塑并不是独立存在的，它们彼此呼应，构成一个动态的连续画面，使游赏者在园中可游、可观、可思、可品，触景生情，获得一种美的享受。

雕塑公园设置了若干景区，以"华夏柱"为主题的雕塑喷泉广场，以"古城辉煌"为主题的山顶雕塑景区；以反映古老商城风貌为主题的摩崖石刻；以羊城水乡为主题的山水景区和以"羊城风物"为主题的绿雕区。所有的景区通过园路有机地结合在一起，交相辉映，形成和谐统一的、流动的景观空间，构成了一个以雕塑为主题的公园。

1) 华夏柱

图5-16所示的华夏柱位于雕塑公园正门旁，作品创作于1996年，设计者是唐大禧，五根花岗岩巨柱上镌刻的文字符号和图案浓缩了中华民族5000年的灿烂文化，象征着中国5000年的文明史。右边一块重50吨的花岗岩巨石上，刻着"广州雕塑公园"字样，连同五根巨柱在宽阔的广场背景和花草的衬托下，构成了一幅恢宏壮观的图画，寓意华夏庄严雄伟、坚不可摧，将中华民族文化发扬光大。

图5-16 华夏柱雕塑

2) 古城辉煌

图5-17所示的古城辉煌雕塑，为广州美术学院原副院长黎明等雕塑家于1996年创作，它反映了秦统一岭南，广州建城时的盛世，再现各族人们共同开发、建设岭南，促进多民族统一国家的形式和发展的情景。古城上四武士肩负金印，象征当时威严的封建统治政治。城门洞四组雕塑分别为农业、手工业、商业、渔业，象征着当时的经济繁荣。古城广场四周的20件雕塑均以出土文物造型为基础进行创作，象征着当时岭南的文化与军事。

图5-17　古城辉煌雕塑

3) 南州风采

图5-18所示的南州风采(百米浮雕)，位于云液湖东面湖边，长100米，它反映秦汉以来，广州作为我国海上贸易的最早口岸，与东南亚、中东各国广泛、频繁的贸易联系。以广州为起点，形成的中国海上丝绸之路，拉近了中国与世界的距离，促进了中国与世界各地的贸易往来与友好交往。整幅浮雕体现了岭南地区2000多年经济文明发展史的整个过程。

图5-18　南州风采(百米浮雕)

4) 雕塑展览馆

雕塑展览馆位于风景秀丽的云液湖畔，馆内陈列着雕塑家的作品及其艺术精品，它是艺术界人士进行艺术展览、学术交流、聚会的场所。展览馆内不定期地展出广州雕塑界人士的优秀作品和广州美术院、广州雕塑院师生的作品以及书画家的优秀书画作品。展品从不同的角度通过艺术造型反映人们生活中的人物形象和精神面貌。雕塑馆门外的浮雕，主要反映中华民族的优秀文化历史，再一次展现伟大的民族精神。

5) 大草坪

雕塑公园内有近万平方米的大草坪，草坪大而又有起伏，绿绿的草平整柔软，草坪上繁花似锦，呈现给人们一片情趣盎然、生机勃勃的大自然景象，在这里沐浴着和煦的阳光，呼吸着新鲜的空气，很惬意。大草坪上也有不同的雕塑像，作为点缀装饰草坪。图5-19所示为马儿奔跑雕塑，十几匹骏马像是奔驰在辽阔无际的草原之上，铜制的雕塑突出了马儿刚毅的性格。雕塑采用了平式基座，雕塑身体直接置于草地上，更加符合奔马的真实效果。图5-20所示为倔老头日志，采用的是座式基座，基座与塑身形1：1的比例，石块作为雕塑基座，并附带雕塑的主要说明信息，供游人查看。

图5-19　马儿奔跑雕塑

图5-20　倔老头日志

6) 广州风情街

广州风情街是一组雕塑作品，是广东民间艺术家万兆泉先生的力作。作品把民间艺术和雕塑艺术融为一体，描绘19世纪初，南粤羊城荔湾人衣、食、住、行的生活写照。作品"戏无益""勤用功""扇中情""箍盆""甩背带""呛田螺""量衣""书在肚里""荔枝""一家之主""今年水仙开得好""鸡公榄""近邻""后生可畏""晒腊肉""心中有数""将军""后生可畏""知音"等，惟妙惟肖，生动形象地反映了当地人昔日的风情习俗。

以上这些广州公园雕塑根据每个雕塑以及雕塑家的设计会有所不同，但无论采用哪种基座、设计成什么摆放类型，归根到底，都与公园的景观艺术设计融为一体。

景观雕塑除了雕塑自身的艺术表现之外，还有来自各方面因素的影响，如基座的设计、根据雕塑的摆放位置而设定的设计类型、观赏视角摆放、照明设计等，这些都直接影响着景观雕塑的最终表现效果。本章主要介绍景观雕塑的辅助设计要点，通过学习本章内容，学习者能够更加全面地了解、掌握景观雕塑的设计。

一、填空题

1. 景观雕塑的基座设计有四种基本类型：＿＿＿＿＿＿、＿＿＿＿＿＿、＿＿＿＿＿＿和＿＿＿＿＿＿。

2. 景观雕塑的设计有六种基本类型：＿＿＿＿＿＿、＿＿＿＿＿＿、＿＿＿＿＿＿、＿＿＿＿＿＿、＿＿＿＿＿＿、＿＿＿＿＿＿。

3. 景观雕塑的前侧光的方位一般应大于＿＿＿＿角，小于＿＿＿＿角为最佳。

4. 景观雕塑处于环境中央位置。具有全方位的观察视角，在平面设计时注意人流特点，＿＿＿＿＿＿雕塑一般设置在广场等地。

5. 通过式的景观雕塑处于人流线路一侧，有＿＿＿＿度观察视角方位。

二、选择题

1. ( )大多数是指基座的高度超过雕塑的高度，建筑要素为主体，基座设计几乎就是一个完整纪念物主体，而雕塑只是起点题的作用。

    A．碑式基座   B．座式基座

    C．台式基座   D．平式基座

2. 景观雕塑本身与基座的高度比例基本采用( )的关系。

    A．1:1   B．1:2

    C．1:3   D．1:4

3. 台式基座是指雕塑的高度与基座的高度的比例在( )以下，呈现扁平结构的基座。
   A. 1:0.4   B. 1:0.5
   C. 1:0.6   D. 1:0.7

4. ( )主要是指没有基座处理的，不显露的基座形式。
   A. 碑式基座   B. 座式基座
   C. 台式基座   D. 平式基座

5. 景观雕塑处于不规则环境一般采用( )的布置形式。
   A. 对位式   B. 丁字式
   C. 通过式   D. 自由式

三、问答题

1. 景观雕塑的基座设计有哪些类型？
2. 景观雕塑的照明设计需要避免哪些情况？

第6章

景观雕塑设计流程与原则

学习目标

- 掌握景观雕塑设计流程。
- 掌握景观雕塑设计原则。
- 了解景观雕塑与城市空间规划的关系。

案例导入

米哈伊·爱明内斯库雕塑

如图6-1所示，米哈伊·爱明内斯库雕塑位于沃韦日内瓦湖畔。雕塑是为了纪念19世纪罗马尼亚诗人米哈伊·爱明内斯库而建的。雕塑的底座独具特色，由一本一本书籍叠加而成，其中还有一本中文书籍《世界名诗集大成》，底座上方是米哈伊·爱明内斯库的半身塑像，而且雕像是轮廓样式，在远处观看时，非常具有轮廓造型感。

图6-1　米哈伊·爱明内斯库雕塑

6.1　景观雕塑设计流程

开始一个设计任务时，通常会已知某些前提条件、方案项目所处的背景环境和甲方的要求。设计师首先应了解设计对象，接着搜索有关资料进行分析和研究，然后归纳所得到的信息，并进行评估判断，从而得出一个合理的结论。同时，相关的案例研究可以帮助设计师在类似项目中处理同类问题。接下来的设计任务书则应综合评估所得到的信息，描述设计师具体的设计任务，表达设计策略。所有这些项目研究阶段的准备工作，都是为了给随后的设计方案打下良好的基础。

6.1.1　背景调研

在"静态"的描述、重现设计对象背景"硬件环境"的基础上，设计师需要更多地关注设计对象的背景、文脉等"软性资料"，如功能、材料、结构等。这是一个设计师和设计对象之间相互了解、相互认识的过程。一个设计师对工作对象及背景了解得越多，他的决策和设计就越合理，越具有说服力。

以建成的景观雕塑为例，设计师多次探访场地，每一次都有新的发现，如周边的树种及颜色、夜晚灯光照明情况等，所有这些都透露出场地的信息。对于目标所在地的熟悉可以引导以后决定设计方案，使直觉变得更加准确、敏锐，使设计更加贴切。

设计师用图像、速写、文字、表格等方式记录现状，为下一步的评估、决策、制定任务书提供依据。调研的侧重点因设计目标的不同而有所变化。这一步适合训练设计师的眼光，深入调查不同的环境历史文脉、不同的社会阶层信息、不同的气候特征等。设计师应感知设计对象的脉搏，把握其内在气质，才能进一步设计方案。

 知识拓展

调研阶段的主要任务就是对雕塑所处地区的自然环境、人文环境和雕塑要起到何种功能的分析。

在设计如图6-2所示的露珠雕塑之前，设计师便与公园的建筑设计团队进行洽谈，为方便人们休息，也为了增加公园的景观，在公园的空地上建立一些露珠似的雕塑。雕塑采用的是不锈钢材质，防止因水而受到损坏或生锈，时刻保持光滑、鲜亮，真正为游客提供便捷服务。雕塑大小不一致，这样显得比较自然，而且景观雕塑也像露珠一样，停留在草地上。

图6-2 露珠雕塑

6.1.2 描述对象

通过应用图像的方式记录设计项目所处的环境及文化背景的现有面貌，以促进设计师对设计对象深入了解情况。在建成景观雕塑过程中，这一步通常叫作场地重现，记录着设计对象及背景环境的实际情况。设计师需要前往实地考察，对设计对象的周边环境进行测绘、拍照、建模、速写，甚至绘制平、立、剖面图等，全面掌握项目的具体情况。

景观雕塑不同于传统意义上的以造型为目的的雕塑，首先要注意的就是环境因素。例如，广场雕塑的设计，作为一个大型广场，必然承载着综合性功能，除了地上部分外，大多

数广场具有地下部分，如商场、停车场等。在这种情况下，设计师在设计雕塑时必须注意雕塑的荷载，以免影响后面的施工计划。

这一项设计对象建立信息档案的工作实际上是对设计师观察能力的训练，需要设计师用心。像画速写、拍照片这样的工作，也要求设计师细致观察场地的情况，选择合适的对角和角度。

图6-3所示为湖中转盘雕塑，穿梭在园区独墅湖科教创新区里，鳞次栉比的高层建筑群中，看着一个个造型美观、高大伟岸的建筑物，目光所到之处不仅是单纯的赞叹，还理所当然地得到了艺术享受，学生、各种创新创业创富人才也许会有更多的感悟和联想。建筑除了被称为"凝固的音乐"以外，还在艺术之间的相互表达中领略它的独特魅力与内涵。无论是西郊利物浦大学还是纳米科技园里的建筑，人们都会得到很多启发，得到一种文明的沉淀和古今的交融，给人以心灵震撼。

图6-3 湖中转盘雕塑

6.1.3 设计概念

概念是传统设计阶段的第一步。设计策划阐述了雕塑内容和主题、雕塑尺度与颜色、材料、位置以及表现手法。而概念以及其后的设计深化环节则将逐步说明这些确定是怎么发生的。这一步是整个设计进程中最主观最个性化的环节，是对设计师最大的挑战。初始的设计想法依赖于前一阶段获得的信息的积累，同时也和设计师的个人素养有关。不同的事物对不同的人有不一样的理解，每一位设计师都从不同的来源获得灵感。通常设计师会努力使设计符合大多数人的思维方式和感受特点，因为所建雕塑的最高目标是使客户和未来参观群众满意。

概念是一个明确、有力、恰当的想法，是一个全面而关键的推进、改变、塑造、加工、成型等，同时它可以解决许多问题，并且改进许多方面。所有这些都应建立在前述各分析研究的基础上，而概念就是由前期各种因素综合评估而得出的合理结论。一个优秀的概念构思不仅会渗透到设计对象本身，还将积极地影响周边环境。一个优秀的改动不仅使方案本身的面貌焕然一新，而且还能将它和谐地融入到周边环境中。虽然只是一个简单的改动方案，却能够凸显出设计师的智慧、经验，展现其思考深度及创造力。

概念的形成必须具体明确，以传达鲜明的设计思想。与此同时，概念也必须是抽象的，留给他人想象的空间。并且，概念还需足够灵活，以满足进一步深入设计时所需要的调整。此外，一个合适的想法将不仅是形式或审美意义上的成功，而且也是社会、经济、生态、政治等诸多方面的成功。

图6-4所示为网景一滴雕塑，设计之初的概念是节约用水。雕塑底座之上的网景犹如一滴水落下，提醒人们要节约用水。

图6-4 网景一滴雕塑

6.1.4 雕塑设计概念发展和设计深化

适合设计目标的总体概念确立后，设计师开始把概念渗透到项目中。这一步和接下来的步骤都要在各个尺度层面上研究概念并进行设计，以确保最小的细节也能支撑全局的理念。当进一步深入设计时，重要的是要始终紧扣主要思路，保持项目的总体理念。一个优秀的景观雕塑设计方案无论在全局，还是在项目细节上，都能成功地传达概念构思，是不同尺度上都成功的综合设计。

作为一个艺术家，设计师通常想表达某种思想。只有概念鲜明、易于理解时，观赏者才能理解设计师思考的深度，从而更能体会作品的含义。大部分设计师可以提出一种引人瞩目的概念，不过很难将设计目标中所有的问题都组织到一个概念里，并协调好相互的关系。一个优秀的景观设计师显然不是只懂得雕塑的材料、功能、结构，设计师的个人体会、文化修养更是制作精品雕塑的要素。观察这些元素之间的关系和它们之间如何相互影响和作用是一门艺术。

6.1.5　细部设计、实施

细部设计与总体构思应该是紧密联系的，在整个设计过程中，设计师要时刻提醒自己，设计中局部与细节是否与初始的总体概念相吻合，各部分组成元素是否与整体的设计风格相吻合等。对于设计师而言，由于单个元素组成的整体通常比它们的简单求和更具有价值，因此细节的处理直接关系到作品最终呈现出来的效果，尤其是大型浮雕艺术。细部可强化，也可削弱甚至摧毁整个概念。当所有的元素都传出同一种语言时，设计师的理念就可以从设计对象的每一角落体现出来。

另外，施工图也是设计的一个重要组成部分，随着雕塑施工越来越规范，施工图运用到雕塑领域中，特别是大型雕塑或带有公共设施性质的景观雕塑。从一个设计概念到最后设计成果的实现，施工图是必不可少的，是联系设计人员与施工单位的一条纽带。设计师将雕塑作品的设计理念诠释到施工图中，施工人员才能将设计师的理念转化成为现实的作品。这与建筑领域的制作是相同的。

在绘制施工图时，除了设计师的手绘设计之外，还可以利用计算机软件(3D Max、AutoCAD等)进行绘制施工图，并打印出纸稿，这样更加精确景观雕塑的细节，也使施工人员更加清楚明白。如图6-5所示，设计师将景观雕塑的设计效果、周围的环境，用3D Max绘制出来，并生成3D模型，更直观、逼真地展现出景观雕塑最终所呈现出来的样式，以及在整个环境中的效果。

图6-5　3D图形效果

案例6.1

海宝雕塑

2010年，上海世博会的举办，让世人记住了吉祥物"海宝"。无论是宣传海报的图案，还是为之所建造的景观雕塑，都受到中外游客的喜爱，如图6-6所示。

当这些景观雕塑小品出现在世人眼前时，这不仅是东道国的标志物，还是一个国家文化的象征，并在政治、经济、文化等多个领域的传播中扮演着十分重要的角色。它所代表的精神"在世博志愿服务工作中，作出重要的贡献"，也正是代表了中国文化的多样性与丰富性。

蓝色人字的可爱造型让所有人耳目一新。海宝，以汉字"人"为核心创意，配以代表生命和活力的海蓝色。它的欢笑，展示着中国积极乐观、健康向上的精神面貌；它挺胸抬头的动作和双手的优雅姿势，显示着包容和热情；它翘起的大拇指，是对来自世界各地的朋友发出的真诚邀请。

吉祥物形象通过创意提炼、造型设计、理念阐述、性格设定、动作演绎等，充分表达了上海世博会"城市，让生活更美好"的主题。通过吉祥物形象生动演绎城市、城市人之间的互动关系，深刻表达足迹、梦想之间的内在关联。设计思路和理念要清晰而独特，契合主题且易于被广大受众理解。

雕塑工作人员将其建造成一个个景观雕塑小品，海宝雕塑的底座采用长方体样式，色彩与海宝雕塑体一致，并在底座上印上会徽、文字，将其放置在上海世博会展园的不同场地，让前来观看的人真切地感受到东道国——中国的历史发展、文化观念、意识形态以及社会背景，实现了"充分体现主办国家的文化"的功能。

图6-6　海宝雕塑

6.2 景观雕塑设计原则

　　景观雕塑强调的是雕塑的景观化，它除了要具备创造性、独特性的艺术特点之外，还要考虑环境的整体性。因此，景观雕塑的设计要有一定的设计原则。

6.2.1 要有联系性

　　景观雕塑无论是在形式方面，还是在内容方面，都必须与设计主体、周边环境、文化氛围等各方面紧密联系。景观雕塑造型与所传达的含义要求主体简洁明确，注意造型本身表现的意味。它不仅是一个单纯的形体构造，更重要的是必须处处体现主体的地域性与时代感，使文学典故、抽象的理念艺术化、形式化。两者是否吻合，能否经得住广大民众的认同和时间的检验，对于一个设计师来说责任重大。

　　图6-7所示为苹果广场景观雕塑，在高楼耸立的广场上，坐落着一个苹果形状的景观雕塑艺术品，与周围的建筑在造型、色彩上形成鲜明对比。镂空的造型艺术，既节约材料，又不失美观。雕塑的顶部有一群大雁飞过，整齐排列，代表着人类齐心协力，共同改造城市，使城市家园变得更加美好。

图6-7　苹果广场雕塑

　　图6-8所示为诸葛亮城雕塑，坐落于山东省沂南县诸葛亮文化广场，因为沂南是三国名相诸葛亮的故乡。在整个设计过程中，主体架构便是以诸葛亮一生职业生涯的重要节点为元素，以历史为轴线，形成一条中央景观雕塑带，并以此为基础结合地形条件规划设计出以汉代建筑风格为主的仿古现代商业建筑群，包括动漫城、豪华影视城、KTV、儿童智力娱乐城、商务酒店、书画城、健身中心及训练馆、咖啡馆、茶座、酒吧等休闲区域；地方餐饮名吃区域；珠宝玉石、名表、电子产品、家居综合城、综合超市、旅游产品及地方特产等购物

区域。这里是集文化、旅游、休闲、娱乐、购物为一体的文化商业综合体。建成后的诸葛亮城既是沂南县一个新的旅游景点，更会成为沂南县最大的商业、文化中心。这里的景观雕塑作品体现出了地域性与时代感，让人们在游玩的同时，学习、了解历史文化。

图6-8　诸葛亮城雕塑

6.2.2　独创唯一性

景观雕塑无论是造型方面的处理，还是含义表达，都应具备别出心裁的创意。特定的环境、历史、文化、功能等往往构成它的特质，并产生其运转与发展的内在活力。景观雕塑在与主体对接时，选择的内容与表现的方式存在多方面的角度，作为雕塑的造型不可能面面俱到，因而务必选择一定的表现方面，在对主体的元素作出综合考虑之后，确定恰如其分的切入点，进而采取适当的形象加以鲜明的、典型处理。所以，许多优秀的景观雕塑是通过历史典故、民间传说、主体形态以及长远规划等视角寻找创作灵感的。

如图6-9所示，北海海滩公园坐落着"亚洲之最"的巨型不锈钢雕塑——"潮"，在直径23米的巨大钢球上，七个仙女手执橄榄枝，亦飞亦舞，充满动感。环绕《潮》雕塑的是由5250个喷嘴组成的人工音乐喷泉。每当夜幕降临，彩色激光狂舞，五彩水花激扬，与回荡在公园上空的音乐组成一幅壮美无比的图景。

图6-9　《潮》雕塑

图6-10所示为孟姜女雕塑，就是以民间故事传说而雕塑的作品，它讲述了主人公敢于冲破世俗压力追求幸福、不畏权势、不辞艰辛万里寻夫的故事。该雕塑采用石雕，没有任何色彩点缀，以表达对孟姜女的尊重以及敬畏。

图6-10　孟姜女雕塑

6.2.3　视觉突出性

景观雕塑的设计除了研究造型的艺术规律之外，还得强化造型的视觉形象，以深刻的内涵吸引人们去观赏，同时再通过各种材料和相应的加工技术，以便识别和记忆。从作品产生的全过程看，作品只有首先引起人们的关注，才能让人们去细细地欣赏，进而产生兴趣，从而理解雕塑的内涵及所要传达的信息。

景观的设计常常要做到以下三点。

1．强化意味的表现

内容的体现尽量采用比喻、象征的手法，以意造型，以形表意，将故事情节、抽象理念等具体化、形象化、简约化、符号化，从而使人们了然于心。

如图6-11所示，厦门海洋公园门口，矗立着一个章鱼雕塑。厦门作为一个海边城市，不缺各类海鲜。而城市的海洋公园是以海洋为主的公共场所，自然以鱼类雕塑居多。个性鲜明的章鱼以自身的优势，被选为门口主体雕塑，吸引游人观赏。

2．增强刺激效应

随着高新技术的发展，声、光、电等被逐渐运用到雕塑设计中。因此，在视觉与听觉方面，通过运用色彩、光影、声音等，可产生有别于传统造型的形态、视觉感。

图6-12所示为光电雕塑，它是利用太阳能产生光亮，白天吸收能量，晚上散发光亮，节约能源，绿化环保。

图6-11 章鱼雕塑

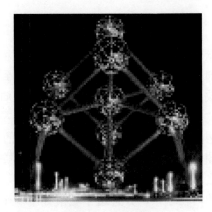

图6-12 光电雕塑

图6-13所示为美国纽约街头的苹果雕塑,五彩缤纷的苹果雕塑既鲜亮,又迷人,各种涂鸦式的图案,是艺术家心灵的诉说。每个苹果雕塑的底座都有作品创作者的名字、作品名称等信息。

图6-13 纽约街头苹果雕塑

3. 增大雕塑本体体量

增大常态物体的体量,如将小的昆虫放大,突破人们的正常视线,形成强烈的视觉冲击力,增加视觉效果。

图6-14、图6-15所示的雕塑作品,被无限放大,摆设在人们面前,用真实的实物讲述着故事。

图6-14 水龙头雕塑

图6-15 盖子雕塑

6.2.4 综合效益性

景观雕塑是雕塑艺术与城市空间环境有机结合的产物。一方面，景观雕塑作为环境艺术的一部分，对营造城市的环境艺术将起到重要作用；另一方面，城市的空间环境又对景观雕塑的效果产生直接影响。城市环境的性质决定了雕塑题材，城市环境的布局决定了景观雕塑的点位，城市环境的空间规模决定了景观雕塑的尺度和体量，城市环境的背景特质决定了景观雕塑的材料、质感和色彩，城市环境的艺术风格决定了景观雕塑的表现形式。

图6-16所示为洛杉矶景观雕塑，雕塑设计新颖，规模宏大，有着它自己独特的都市视角。洛杉矶这个地方并不是一个孤独的、单调的城市，它的每处景观、每个地方之间都有着一定的内在联系，并且这个城市处于一个动态发展过程中。雕塑表面采用透明材料，在雕塑表面显现的各种各样的色彩则显示洛杉矶人口结构变化的情况。在洛杉矶这个城市内居住着不同文化、不同背景的人们，他们之间相互影响，文化相互交融，从而造就了一个像万花筒一样的多元化城市。雕塑上的传统图像与现代图像的碰撞冲击所带来的兴奋感与陌生感正是这座雕塑吸引人的地方。雕塑正如洛杉矶这个城市本身那样，包容周围一切可包容的事物，并张开双臂，接纳着这个城市的人们和变化。

图6-16　洛杉矶景观雕塑

6.2.5 突出地域性

当代城市建设的一个重要特点是突出城市的个性。城市的个性主要表现在城市的地域特色上，景观雕塑是突出城市地域特色的一个重要手段。景观雕塑的规划应把突出城市的地域特色放在重要位置，通过景观雕塑的题材、造型风格、材料等一系列因素表现出城市的个性。

城市文化是累积的，一个城市的文化传统与共生的关系，它是一个活动的有机体，随着城市的发展而不断生长并走向未来。景观雕塑在制定规划工作中，要尊重、保护历史文化传统，延续城市的文脉。

图6-17所示为《西游记》雕塑，坐落于新疆开都河，雕塑由1000吨汉白玉雕制而成，长39.71米、高10米，雕塑向游客展现的是小说《西游记》中唐僧师徒路过通天河遇阻的故事。

图6-17 《西游记》雕塑

6.2.6 可持续发展性

生态原理是造型景观的一个核心，人向自然学习的过程与人类历史一样久远。人类历史是一部不断理解自然生命力和力量的历史。智慧不仅是对简单自然法则的理解，它们还向人类揭示了与自然更为协调的生活方式。人类生于自然，植根于自然，人类的各种举动及尝试都受控于无所不在的自然法则。以雕塑的方式，再次用自然的方式寻找并发展与自然系统一致的法则，令生活可以获取自然生命力，令文化沿着这样的轨迹发展，使人类的形体造型、形体组织和形体秩序富有意义，也令人类重新理解在自然中的和谐生活。

在西方，人与环境之间的作用是抽象的，一种我-它关系；而在东方，它是具体的、直接的基于一种你-我关系之上的。西方人与自然抗争，东方人与自然相适应。

景观雕塑规划的可持续发展表现在，注重景观雕塑发展的历史延续性，使景观雕塑在历史上能形成动态的、变化着的链条，使之成为城市形象的历史；景观雕塑是永久性艺术品，在规划中，在地域位置和雕塑材料、工艺方面尽量充分考虑到它的长久性；景观雕塑的建设总是受时间制约，因此，规划要求为未来着想，要为未来的发展留有足够的发展空间。

知识拓展

艺术的创造是永无止境的，实现突出性的方法有很多种，因主题的不同而采用不同的设计方法。设计方法没有唯一，一切都在发展、变化。

案例6.2

景观膜雕塑

城市的中心区反映一个城市的地理风貌和民族风情，同时，也代表着城市文化发展程度。现在，许多城市建有开放式的景观膜结构空间雕塑，如图6-18所示，这样的景观设计一般坐落于商业中心、别墅区、公园等地带。开放式的景观膜结构空间雕塑既有雅俗共赏、超凡脱俗的艺术价值，又能与大众息息相通。景观膜结构以其轻盈飘逸的造型、柔美并带有力量的曲线、大跨度、大空间的鲜明个性和标识性，应用于城市型展品设计中。

景观膜结构空间雕塑设计能提供丰富多彩的用途，膜结构轻巧、别致的造型属于开敞式的结构空间，提供防风雨、防日晒等人工环境，并有较好的广告标识效果，适合于小型展品推销，如饮料新品推广宣传、城市楼盘推广等，并与园林景观融为一体。设计师巧妙地整合周围的环境，给人们一种高贵典雅、浪漫温馨之感。造型结构简洁环保，经济投资低。这种结构的空间设计以一种开敞方式展现在户外，让人们尽情享受快乐的生活。

图6-18　景观膜结构空间雕塑

6.3 景观雕塑与城市空间规划的关系

景观雕塑的规划就是将其上升到景观规划的层面，从城市总体规划的高度、广度、深度，紧密结合并完善城市总体规划，使之成为城市总体规划中的专项规划，同时又是城市区域规划的重要配合和分项目规划。

优秀的景观雕塑规划必将极大地提升景观文化和公共艺术影响力，与城市规划相协调，又与城市建设、管理协调一致，有力地打造城市文化形象品牌，提升城市综合魅力。

6.3.1 景观雕塑与城市空间的关系

城市空间中，从构成要素的角度来看，雕塑与建筑、树木、装饰物相同，是构成都市的一种要素。与其他要素不同的是，雕塑没有特定的功能，所以在纯粹的空间反而会成为城市的焦点。因为复杂的城市空间没有焦点，所以会形成比较散乱的空间，但雕塑成为连接各种要素的母体，而且连接体又包含树木、广场、纪念碑、喷泉等多种要素。景观雕塑与城市空间的关系首先是"虚实"的关系。景观雕塑作为一种物质实体，在空间意义上，它是"体积"对空间的进入、占有、征服、肯定、渲染、突出等，因为景观雕塑对空间的进入，使城市空间的形态发生了变化，并衍生出新的意义，如揭示空间的主题、形成空间的特色。

图6-19所示为城市街头的雕塑，雕塑向人们展示出排队等候的情景，无论什么样的人，在什么地点，就像城市发展一样，都有统一的步调。

图6-19　城市街头景观雕塑

 *知识链接*

雕塑与建筑合成的空间艺术为城市增加了几分色彩。在城市空间中，雕塑与建筑常常是共生和互补的关系，可以表现为多种形态，如雕塑装饰建筑、建筑衬托雕塑、建造建筑式的雕塑、建造雕塑式的建筑。从空间艺术上来说，雕塑、建筑甚至城市，它们在本质上是同构的，是可以相互转化和相互融合的。

6.3.2　景观雕塑与城市空间界面的关系

城市空间分为上下四周等不同的空间界面，这些不同的界面可以成为景观雕塑所附着的载体。也就是说，它们都可能与景观雕塑发生关系，用景观雕塑来加以表现。景观雕塑与城市空间界面的关系说明了其空间形态的多样化，它不仅可以在常见的城市空间中找到自己的位置，同时还可以在城市的空间界面扩展自己的表现范围。

6.3.3　景观雕塑与公共设施的关系

雕塑作为公共艺术，与公共环境及周围景物有着密切关系。一个城市的文化品位，很大程度上来源于它的共有空间艺术。树木、喷水池、长椅、广告牌、电话亭、街灯等，实际上也具有雕塑的审美特征。从广义上讲，建筑所展现的优美外形与几何轮廓也是集实用性与艺术性于一体的特殊雕塑，将城市形态和空间加以立体地、整体地规划与艺术构成，这是新形势下对城市环境审美的必然要求。景观雕塑、建筑、公用设施都是城市建设的重要组成部分，都应从属于城市整体美学要求。景观雕塑应和谐地置于城市环境之中，在造型、颜色、材质、绿化、铺地等诸多环节上进行统一规划设计，营造整体艺术氛围。景观雕塑要恰到好处地体现艺术主题性与公共设施的关系，表现出景观雕塑功能的多样性。它除了具有文化、审美功能以外，还可以与城市的实用功能结合起来，与城市设施的实用性结合起来，用雕塑的方式，装饰、美化有实用功能的城市设施，这是景观雕塑的一个重要发展方向。

图6-20所示为机器人座椅，它将景观雕塑小品与公共设施的实用性结合起来，人们既可以将其作为休息椅，又可以将其当作城市中的雕塑小品。

图6-20　机器人座椅

6.3.4　景观雕塑规划的实践性和可操作性

景观雕塑规划制定使景观雕塑建设有了法律的保障。规划在先，这是人们在长期从事景观雕塑建设工作以后所得出的结论，符合城市空间规划的法制化要求。景观雕塑规划的制定，使景观雕塑的建设有章可循，既可以有效地避免景观雕塑建设的盲目性，同时也是保持适当建设规划的有效手段。

景观雕塑规划将在景观雕塑与城市的空间关系、实施时间、主题、数量、质量等方面具体规范景观雕塑的建设工作。由于景观雕塑规划规定和明确了城市空间的基本关系及景观雕塑总体的空间特色，规定了景观雕塑建设的数量、质量，以及建设主题和实施时间，因此，景观雕塑的建设才能在具有科学性、控制性的基础上，稳步、有序地向前推进和发展。

并不是只有展示活动带有艺术性，一些城市建筑同样带有艺术性，如瑞典的斯德哥尔摩地铁，它将城市建筑与展示艺术完美地结合起来，让人们在乘坐地铁的过程中得以欣赏所展示的绘画、雕塑等艺术品。

斯德哥尔摩地铁于1950年通车，距今已有70多年的历史，它以车站的装饰而闻名，被称为世界上最长的艺术长廊。多年来，已有150多位艺术家在此创作超过9万件雕塑、油画、版画、浮雕和装置等艺术装饰。该地铁无论是建筑空间，还是展示空间都带有极强的艺术气息，地铁内部墙壁被装饰成石灰岩的样子，使人有远古洞穴的感受。艺术家们在墙壁上绘画或雕塑作品，又让人感受到现代时尚感，整个空间设计穿越了时空，如图6-21～图6-24所示，就连地铁内的厕所、路标都设计得非常有特色，用鲜艳明亮的色彩将其突出。

瑞士的斯德哥尔摩地铁将建筑与展示融为一体，地铁作为城市交通的骨干系统，为人们的工作、生活、出行提供了方便，是不可缺少的交通工具。全长110千米的瑞典斯德哥尔摩地铁系统让每位乘客都有种流连忘返的感觉。整个地铁工程建设表现出了展示空间的整体组合性，使设计有序、科学、合理，既符合创新，又能展示各种艺术(如雕塑、油画、版画、浮雕等),使乘客穿梭于一个个激动人心的故事中。这样的建筑展示空间设计是探索和发现斯德哥尔摩城市艺术和文化的一个有趣而廉价的方式。

图6-21 地铁墙壁彩绘

图6-22 地铁内厕所

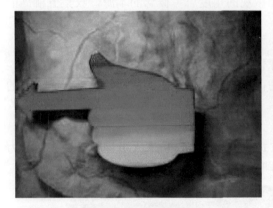

图6-23 地铁路标指示

图6-24 地铁墙壁绘画

6.4 综合案例:《五柳风帆》雕塑设计制作全过程

项目名称:济南市小清河综合整治一期园林景观工程五柳岛主题雕塑设计

工作团队:山东工艺美术学院现代手工艺术学院

设计师:王德兴

项目背景:小清河综合整治一期工程西起林家桥,东至济青高速公路。此设计是由上海现代建筑设计有限公司、浙江大学、北京土人等单位共同提出的概念性方案,并由济南园林设计院进行的景观深化设计。本次只对小清河南岸及五柳岛进行了深化设计。五柳岛为河心公园,东西长为1000米,占地为4.8平方米。南岸景观带全长为13.1千米,上游宽为20米,下游土渠段逐渐变宽至49米,面积为30.1平方米。

设计原理与理念:景观设计本着点线结合的设计原则,运用一条连续蜿蜒的景观河道走廊串起了不同空间的主体功能区,使河道中水的灵韵与周围的景观相呼应,突出"绿色清河、运动清河、文化清河"的理念。

整个项目的方案设计程序、安装过程如下所述。

1. 方案设计程序

1) 资料收集

了解项目背景，了解济南市小清河综合整治一期园林景观工程的总体规划，熟悉五柳岛周边的文化背景。

2) 基地调研

走进小清河综合治理现场，通过考查实地环境与规划方案，加深对小清河综合治理工程的了解，为今后的设计提供直接的场地信息。

3) 策划

讨论雕塑的尺度、形式、材料及布局等关键属性，对雕塑所要传达的信息和特征进行总体策划。

4) 概念

具体思考和设计雕塑的主体概念，从宏观和微观的角度思考概念的本源，收集五柳岛的具体资料。

5) 概念深化

从众多方案中选出一个最佳的，并将概念深化。考虑实际的条件和限制因素，从结构、材料、空间形式等方面开展具体设计。综合考虑荷载、抗风、抗震、避雷等因素，结合新的技术方式，使最终概念详尽、视觉力强。

6) 设计表达

运用图纸、实物模型、视频播入、PPT等方式向施工人员、技术人员进行设计表达，力求准确传达雕塑的概念。图6-25所示为《五柳风帆》雕塑的三维模型。

图6-25　《五柳风帆》雕塑三维模型

7) 设计成果

《五柳风帆》雕塑高达23米，重约38吨，建设工期为5个月。雕塑由三个立面组成，正立面由三片错落的柳叶构成，两个后侧面分别呈现一片柳叶。主体雕塑十分巧妙而完美地将这五片柳叶变形后融入了现代雕塑的设计理念，整体造型显得挺拔、流畅、雅致。

雕塑的造型借助了五柳岛的自然地形风貌，五柳岛形似一艘巨大的帆船，而《五柳风帆》正置于五柳岛的中心处，恰如五柳岛的核心船舱，挺拔而柔美的主体雕塑既似五片柳叶，又似正在启航的风帆。雕塑采用不锈钢管网架镂空结构，外观通透，可直接观赏到雕塑形态不同方位的效果，使观者产生共鸣。雕塑的所有骨架连接管均为镂空结构，且暴露在外，不锈钢管架既要充当结构支撑，又要完成雕塑造型的完整性、艺术性，要求所有部位都有良好的外观效果。图6-26所示为《五柳风帆》效果图。

图6-26 《五柳风帆》效果图

五柳岛中区为党史纪念地，作为20世纪30年代中共济南市委重建地，设置中共济南市委重建旧址纪念碑。另外，五柳闸遗址处将安装纪念碑，并在旁边设林荫广场，提供休息健身场地。最西侧还将建设一处纯自然的小岛，岛边遍植垂柳，地面以草皮覆盖。

2. 安装制作过程

根据《五柳风帆》雕塑制作安装的实际情况，制定以下工艺流程。

(1) 工程管理人员逐步到位，具体安排协调安装前的所有准备工作。

(2) 钢架安装人员进入现场，接通电源，工具进场。

(3) 将制作好的风架组件、不锈钢管和不锈钢板装车起运至小清河雕塑安装现场。

(4) 安装人员开始清理现场，合理选择日常生活场地和工作场地。场地清理完毕后，选择在雕塑基础北面空地开始进行竖向主造型钢架的对接组合。按A0～A4(直径325×16)、

A5(直径299×14)、B0～B4(直径325×16)、B5(直径299×14)、C0～C3(直径325×16)、C4(直径299×14)、D0～D3(直径273×14)、E0～E3(直径273×14)、F0～F1(直径273×14)、G0～G3(直径273×14)、H0～H2(直径273×14)、J0～J4(直径273×14)、K0～K2(直径273×14)的顺序，依次进行每一号段的组合。组合过程中应先用水平仪测出每一段的水平线，定位好，准确无误后再焊接牢固。

(5) 每一号段的造型钢架组装完毕后，都必须用临时钢管进行加固，以确保在下一步主钢管进行钢架内部造型时，能有效地防止变形。将每一号段造型分割成两半，准确地对号入座到造型内，准确定位，再进行焊接。由探伤单位进行现场探伤并出具探伤报告，报告合格后，把每段分割成两半的造型再重新组合到一起。

(6) 每号段造型组合调整完毕后，现场用吊车将A～K组在地面组装起来。先把B～F组组装在一起，再把A组和B～F组组装在一起，然后再将K组和H组、G组和J组分别组合到一起。在组装过程中，位置达不到的都要搭设脚手架。每两个号段在组装完毕后都要检查一下，确定位置是否准确。依次类推，直至组装完结。全部组装准确后，再进行下一步直径为159厘米的横管的安装。

(7) 首先，将直径为159厘米的横管按照雕塑三面划分，按照横管的弧形尺寸对每面、每一段进行分类并下料；无误后打坡口，修边，再固定，焊接牢固。用临时钢管加固，并调整为同一水平，确保无误后，用两台吊车(一台50吨、一台25吨)进行下一步的整体吊装。其中A组和C组之间面上的横管暂不安装，为K组和H组、G组和J组两组的空中安装让步。

(8) 吊装前联系好吊车，检查吊车停泊位置是否合理、吊装点是否牢固，确定预埋钢板的位置是否准确，初步定出一个水平位置，将准备工作做好后再开始吊装。同时准备联系脚手架架管、卡子等工具进场，主管吊装完结后直接搭设脚手架。

(9) 吊装时，用两台吊车同时吊装，50吨的吊车吊顶部，25吨的吊车吊底部，同时水平吊起。当雕塑整体离开地面后，50吨的吊车继续上吊，而25吨的吊车开始缓慢松钩，让雕塑垂直地面，放到预埋钢板的位置。到位后整体调节方向，看水平位置是否准确；如果不准确，要找出问题，并进行调整。准确后，定位进行焊接。焊接牢固后，吊车可以松钩，脚手架工开始搭设脚手架。

(10) 搭设脚手架时，架管与雕塑之间的距离不小于30厘米，同时不大于35厘米。A组和C组之间的面暂不搭设脚手架。待K组和H组、G组和J组两组安装完毕后方可搭设脚手架。先吊G组和J组，再吊K组和H组，每组吊装到位后，要精确地调整水平、垂直位置，再进行焊接牢固。之后将A组和C组钢管之间的面上直径为159厘米的横管安装到位，确定水平，同时搭设脚手架。

(11) 横管全部安装到位后，再对A～K组钢架进行0.3厘米封板。封板时进行调整、打坡口、修边、焊接、打磨，使雕塑表面保持光滑、平整、线条流畅，确保观感效果。

(12) 安装直径为114毫米的竖管时，应先安装A组和B组之间面上的竖管，再安装K组和H组、G组和J组两组之间的竖管。安装完毕后进行焊接、打磨、抛光。

(13) 全部安装完毕后，进行验收，合格后，喷漆工作人员自上而下在雕塑表面喷上一层保护膜。

(14) 进行竣工验收，合格后拆除脚手架，并清理现场。

本章小结

　　一个景观雕塑从设计、制作到建成，每个步骤都必须精准无误。本章主要介绍景观雕塑的设计流程、原则以及与城市空间之间规划的原则。通过对本章内容的学习，使学习者能够真正了解、掌握景观雕塑的完整的创造过程。

教学检测

一、填空题

　　1. 景观雕塑设计流程有：_____、_____、_____、_____。

　　2. 景观雕塑设计原则包括：_____、_____、_____、_____、_____。

　　3. 生态原理是_____，人向自然学习的过程与人类历史一样久远。

　　4. 设计师用_____、_____、_____、_____等方式记录现状，以便为下一步的评估、决策、制定任务书提供依据。

　　5. 设计策划阐述了_____、_____、_____、_____以及_____。

二、选择题

　　1. 在设计雕塑过程中，确立适合设计目标的总体概念之后，设计师开始把(　　)渗透到项目中。

　　　　A. 造型　　　　　　　　　　B. 概念

　　　　C. 身型　　　　　　　　　　D. 图纸

　　2. 景观雕塑无论是在形式方面，还是在内容方面，都必须与(　　)方面紧密联系。

　　　　A. 设计主体　　　　　　　　B. 周边环境

　　　　C. 文化氛围　　　　　　　　D. 景观环境

　　3. 北海海滩公园的《潮》雕塑有(　　)个仙女手执橄榄枝。

　　　　A. 5　　　　　　　　　　　B. 6

　　　　C. 7　　　　　　　　　　　D. 8

　　4. 《五柳风帆》雕塑坐落于(　　)。

　　　　A. 石家庄　　　　　　　　　B. 青岛

　　　　C. 长沙　　　　　　　　　　D. 济南

5. 上海世博会的海宝雕塑设计以(　　　)字为核心。

    A. 中　　　　　　　　　　B. 人

    C. 沪　　　　　　　　　　D. 国

三、问答题

1. 景观雕塑设计有哪些基本原则?

2. 景观雕塑设计有哪些基本流程?

第7章

不同环境中的景观雕塑案例赏析

 学习目标

- 了解城市广场雕塑与公共空间雕塑的特点。
- 熟悉公共园林雕塑与居住区雕塑的特点。
- 掌握水景雕塑与其他雕塑的特点。

莲花山公园动物雕塑

2013年11月17日，深圳市民在莲花山公园的风筝广场的斜坡上发现多个不同凡响的动物雕塑群，如图7-1所示，有恐龙、狮子、豹子、马、羊驼等动物形象。这些雕塑都是利用人们废弃的垃圾和旧物如光盘、旧报纸、饮料瓶、废旧轮胎、泡沫塑料等做成的，造型生动可爱，在公园游玩的人们纷纷驻足围观拍照。设计师用这些垃圾做成的动物雕塑是近日为宣传垃圾分类、资源回收再利用而设的，希望能引导人们接受绿色环保的生活理念。虽然这些雕塑不能成为永久性景观，但是，设计师别具匠心的设计，还是为雕塑艺术方面的创新作出了尝试。

图7-1　动物雕塑群

7.1　城市广场雕塑

城市广场雕塑主要用于城市广场的装饰和美化，它不仅是广场的一道风景，更丰富着城市居民的精神生活，为城市添加了一份艺术气息。作为城市的组成部分，这类雕塑一般矗立在城市的广场上。

7.1.1　城市广场雕塑制作规则

城市广场雕塑也是雕塑的一种形式，它仅次于动物雕塑、人物雕塑、城市雕塑等。广场雕塑适用于对园林、广场等进行装饰，可供人们观赏，且观赏价值高，备受广大人民的喜爱。城市广场雕塑造型可按照人的思维进行制造，或与周围的环境相融合，但总的来说，城市广场雕塑的造型是抽象的，仔细观赏品味才会发现它的观赏价值。

城市广场雕塑主要从以下几方面来查看：哪类广场、哪个城市、哪个自然环境等。广场雕塑大体要体现公共性、公益性、文化性、地域性、特色性、独有性，其表现手法多样、多元化。广场雕塑在广场空间构图中所扮演的角色和发挥的作用是它与广场进行空间对话的重要方式，也是其联系广场空间的逻辑纽带，更是雕塑自身之三维特性的空间价值体现。

知识拓展

城市广场雕塑的材料通常要选用耐久性户外材料，工艺要精湛，相对尺寸较高，但也要和附近环境相协调，比如造型、色彩等方面都要与环境相呼应。

按理说，城市广场雕塑的种类可以很多，似乎什么都可以。但事实上，它的范围是有限的。它必须能反映城市的文化、精神面貌，也就是说，它不但要具有一定的人文意义，而且要易于欣赏。

设计城市广场雕塑，必须要遵循以下三条规则。

第一，雕塑要体现一定的文化内涵。由于城市广场雕塑特殊的地理位置关系，欣赏者较多，特别是周边的居民，长期耳濡目染，不知不觉中就接受了雕塑所要表达的含义，因此城市广场雕塑除了要具有一定的规范作用(如对人民行为的规范作用)外，还要代表一种文化——一种符合当地水平又略高于当地水平的文化。

第二，雕塑要易于欣赏。所谓易于欣赏，就是人们一看上去就能够读懂。作为大众观赏物，雕塑必须是大众化的物品，它可以略高于当地居民的欣赏水平，但不能高太多。如若10年、20年之后的人们都还不懂欣赏，那雕塑就形同虚设，没有任何意义。

第三，雕塑引导的意义与价值应该是积极向上的。它往往代表着一个城市的精神面貌，也就间接意味着居民的艺术修养，进而提高居民的素质。

第四，雕塑要与周围的环境相协调。如果一个雕塑在环境里显得特别突兀，与周边的建筑、景观格格不入，那就不是一处风景，而是城市的败笔。这样，雕塑就会失去原本最想要表达的意义和存在的艺术价值。

7.1.2　《海之韵》雕塑

大连海之韵广场是滨海路东北段的入口，也是海之韵公园的北入口，与星海广场遥相呼应。

广场中心有五根曲率不同的白钢管为主体的雕塑，长为19.9米，象征1999年9月是大连建

市100周年；21只飞翔的海鸥象征飞向21世纪；50个大小不同的球体既代表原子结构，又寓意中华人民共和国成立50周年。由于雕塑像一条跃起的长龙，因此取名就叫《海之韵》。如图7-2所示，《海之韵》雕塑采用铸钢、不锈钢、花岗岩等现代建筑材料，使广场显得现代大气、活泼、富有韵律，充满了自然情趣。

图7-2　《海之韵》雕塑

7.1.3　《眼球》雕塑

芝加哥艺术家托尼·塔塞为芝加哥环线联盟活动设计的标志，模拟其蓝色眼睛的巨大眼球。这个约9.1米高的球状雕塑，采用15块玻璃纤维粘贴在钢筋基座上，用白色涂料粉刷，并画上蓝色的虹膜和黑色瞳孔。《眼球》雕塑比正常眼球大1000倍，真实地再现了设计者本人的眼睛。这个雕塑坐落于芝加哥的普利兹克公园广场，非常显眼，如图7-3所示。

《眼球》雕塑设计师托尼·塔塞表示，作为一个雕塑家，最主要的任务是让空间更有趣，有令人赞叹的东西。

图7-3　《眼球》雕塑

7.1.4　《飞龙在天》雕塑

玉龙广场位于赤峰新城区中心地带，分南北两部分，总面积约12公顷，是赤峰最大的市民广场。北广场与市政府办公大楼相连，主雕塑《飞龙在天》，如图7-4所示，其形象为"C"型玉龙腾飞的瞬间叠加情景，远观如凤，龙凤一体，寓意龙飞凤舞、龙凤和鸣，昭示着赤峰百业兴旺、蒸蒸日上。主雕塑下方是龙行谷，全场长1500米、宽4米、深0.8米，谷中清水漫涌，摆放999块刻有不同时代、不同字体、不同民族的龙字玉石。南广场为下沉式演出广场，可容纳2万人集会。《中国历代龙纹》石刻位于南广场水幕石壁，浮雕对红山文化"C"型龙到明清舞龙、团龙乃至"中华民国"铜币团龙等中华龙的纹样图像进行了展示，是中华龙文化的一次集中表达。

图7-4　《飞龙在天》雕塑

7.1.5　《菲瘦》雕塑

《菲瘦》雕塑建于2008年7月，位于纽约佛雷德·哈钦生癌症研究中心，如图7-5所示。《菲瘦》比四层楼还高，呈透明状，若探索之形，加之灯光运用，代表着该中心的乐观精神，远远看上去，不但体型巨大，而且姿态优雅，全身光亮，犹如满载希望和抱负的器物。水晶般的结构与当地的植物组合在一起，仿佛是技术与自然、理性与感性、透明与不透明、正式与非正式的综合体。这个"光之蓝"呈现的是该中心的活力，通过它散发出的光芒，形成的光影以及周边和自身的物质就可以看出。它网状的结构代表的是哈钦生癌症研究中心相互交错的结构与同心协力的精神。

《菲瘦》雕塑既按照城市的尺度而造，沿轴成景，又按人性的尺度，令道路从雕塑中穿过。随着《菲瘦》雕塑周围植物的成长和忍冬之藤沿着网格的生长，雕塑散发出的柔和之光映照着雕塑的内部，其内部的景观会显得无比壮观。灯光和植物每时、每天、每个季节都在变化，以及不同层的尺度看起来像日晷仪，仿佛一个变化多端的物体。经典的造型、诱人的用材以及不同层的尺度使得《菲瘦》无论从路过的车辆、周围的建筑，还是从它中心的道路等各个角度来看，都充满魅力。

《菲瘦》雕塑草图

图7-5　《菲瘦》雕塑

知识链接

　　建造《菲瘦》雕塑时，遇到过一个棘手的问题，它既要使这个场所看起来有一个轴式的景观，又要与周围的建筑在规模上相匹配，然而由于下面管状结构的承重限制，它面临几个严格的重量限制。解决问题的办法是采用轻型设计，使用铝材、不锈钢以及双色斜形的条形玻璃，可谓一箭双雕。在这样一个不同寻常的创新之下，用经过淬火的薄板安全玻璃组成的结构很稳定，同时又可做到跨度长而重量轻。

案例7.1

斯特拉特福德雕塑

　　设计师在一个并不美观的伦敦购物中心外加建了钛结构的闪亮景观雕塑艺术品，以隐藏不太美丽的建筑。在过去的建设和开发过程中，这个区域面临主要街道的景色并不完美，为

2012年伦敦奥运会所设计的斯特拉特福德雕塑，成为这个广场最大的亮点。雕塑长250米，以一种类似树的构造组合而成，"树干"部分是钢制的，巨大的"树叶"则是由钛结构制成的。巨大的树叶状金属板经过了阳极化处理，能发出绿色和黄色的光泽，每一片树叶都安装了旋转轴，使每片叶子都可以随风摆动。整个装置既突出了广场入口处，装点了这片开放区域，又遮挡了并不美观的建筑，如图7-6所示。

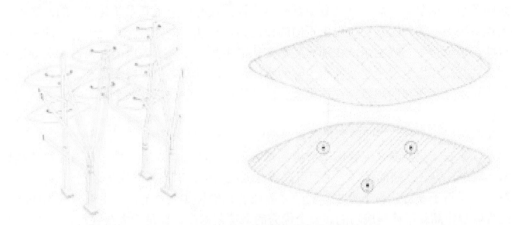

斯特拉特福德雕塑草图

图7-6　斯特拉特福德雕塑

7.2　公共空间雕塑

公共空间雕塑就是公共空间内的雕塑，这里有三层含义。第一，公共性。既然是公共空间，公共性也就是它本所应得的。第二，大众性。身处公共空间，必会接触到各种各样的人。第三，局限性。摆放于公共空间，不能破坏公共空间的整体效果。

7.2.1　公共空间雕塑制作原则

公共空间雕塑是以公共景观为平台的一种雕塑形式，它同样也要具有公共属性这个前提。公共雕塑的形式和内容可以是多样的，但在公共景观中，它无论是在内容上还是在形式上都具有公共景观的特征。其中作为景观雕塑，它最重要的功能是营造景致，满足观赏和装饰的需要。

环境同公共空间雕塑之间的关系是公共空间雕塑的一个重要特点，它决定了公共空间雕塑性质属性的划分和观赏装饰功能的体现。公共空间是一个比较复杂的综合系统，它的形成包含了经济的、文化的、生态的、建筑的、规划的、审美的、行为心理等多种因素，各种因素之间关系错综复杂。而且公共景观具有唯一性，没有一个景观系统是相同的。在不同的公共景观系统中，各种因素会表现出不同的作用力，致使这些因素没有一个普遍的主导性认同。可能在这里是生态唱主角，在那里又是文化唱主角，在另一处审美性又占了主导地位，所以，公共空间环境呈现出复杂性和内容的宽泛性，尽管公共空间雕塑具有这些性质，但也可以从中找到一些潜在的规律。在这里就试图从这些规律中找寻公共空间与雕塑之间的一些联系，从而更好地认识公共空间雕塑。

要想制作好一个公共空间雕塑，需要遵循以下四条原则。

第一，要有文化内涵，能够陶冶情操。常听人们说雕塑能陶冶情操，是因为雕塑本身就是艺术。可是，容易忽略的是，艺术也有高级与低级之分，有高雅与庸俗之别。

第二，要易于欣赏，易于吸收。雕塑之美或者说价值如太过晦涩，大部分人无法欣赏，那么这件雕塑作品就不算是成功的。一个优秀的雕塑艺术品，要易于大众欣赏。

第三，要与所在空间相得益彰。很多时候，一个雕塑摆在那里，显得可有可无。真正的公共空间雕塑，必须能融入这个空间中，成为这个空间的一部分。对于整个空间的美或者效果来说，它是不可或缺的一部分。同时，它又是这个空间的一大亮点。

第四，要传神达意，令人觉得竭力做到传神达意的雕塑，才有魂魄，才能传神。雕塑没有魂魄就如同人没有灵魂只同行尸走肉一样。

7.2.2 《蘑菇》雕塑

韩起文被誉为国内灯光雕塑第一人，开创了灯光雕塑艺术的先河，并使灯光雕塑形成了一套完整的艺术体系。灯光雕塑艺术是将传统雕塑艺术、现代灯光技术与高科技控制手段结合的新型艺术门类。它白天是雕塑，夜晚是灯光，为城市增添美化作用，也为人类神圣的艺术殿堂增添了新的瑰宝。

韩起文设计的《魔菇》，如图7-7所示，曾获得2012年广州国际灯光节创意作品金奖。色彩特异、造型生动的"魔菇"表达的是城市居民对生态的渴求，绚丽多变的灯光表达科技的发展使我们的生活更加丰富多彩。整个雕塑高度为16米，主体结构全部为不锈钢材质，通过专业的表面处理技术呈现不褪色不掉色的宝石蓝。雕塑中的1万多盏LED点光源采用DMX控制系统，使作品在各种环境及时间段展现出变幻莫测的灯光效果，结合城市之光大型射灯，作品整体呈现出强烈的视觉冲击力与震撼力，作品很好地诠释了"绿色环保、低碳生活、梦幻时尚"的艺术效果。与"魔菇"相呼应的巨型照相机，更增加了作品的神秘感，通过这个逼真的巨型照相机，拍照者可以在大屏幕上看到自己的姿态，踩下脚踏开关后几秒钟，照相机就会自动拍下一张以"魔菇"为背景的照片并打印出来，这就是"魔菇"的神奇之处，此作品的独特设计以及互动功能充分体现了灯光节"自然、城市、科技、文化"的主题，并通过节日气氛带动现场观众的情绪，提高市民和活动之间的互动性，与市民共享节日的欢乐。

图7-7 《蘑菇》雕塑

7.2.3 《国医圣手》雕塑

走进肯塔基州亚什兰的公主心脉研究中心，迎面而来的是由六个6.096米高、3.048米宽的相互交叉的心形组成的雕塑，即《医国圣手》雕塑，全身五颜六色，动感十足，每片心瓣由若干直径1.6米的不锈钢钢棒组成，最后由一根较长的钢棒从心瓣顶部穿过，使六片心瓣连结在一起，如图7-8(a)所示。

从外表来看，这种心形符号寓意这个研究中心的智能，象征着医生、护士以及医务人员、家属对病人无微不至的关怀。每片心瓣上边都有若干个树指手，并且有灯光照耀着。六片心瓣的瓣尖都指向同一个中心，中心是一个直径0.51米的不锈钢球，它象征着医学奇迹。

如图7-8(b)所示，树指手是以该中心首席执行官、医生、行政人员和护士的手为实际模型制作的。这些手代表的是人类的存在以及他们的妙手回春。这些手的颜色从基色到次色，最后到全透明，排列有序。这种颜色的变化加上灯光照明，正好象征着人类的精神以及他们对病人的关爱。

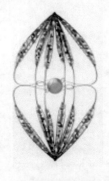

(a) 《医国圣手》雕塑   《医国圣手》草图   (b) 树指手

图7-8 《医国圣手》雕塑

《医国圣手》悬挂在一个两层高的前厅之中，为前来医院的人提供一个敬畏与祈福的场所。站在一楼，从雕塑下边看上去，雕塑就像六块花瓣，如图7-8(c)所示。沿着雕塑往外走，雕塑好像一个教堂似的，给人一种心灵的洗礼。从二楼前厅看，这个雕塑鹤立鸡群，中间的球造型象征纯洁与自然之美，分外引人注目，如图7-8(d)所示。

(c) 花瓣效果   (d) 纯洁的球效果

图7-8 《医国圣手》雕塑(续)

7.2.4 《大熊猫》雕塑

2005年，公共雕塑艺术家劳伦斯·爱勋制作了一只蓝色的大熊雕塑，如图7-9所示，在科罗拉多会议中心的玻璃幕墙外好奇地向里面张望，这一雕塑消除了平时商业中心的那种严肃的气氛，给人们带来了轻松和欢乐，引起了广泛关注。

图7-9 科罗拉多会议中心《大熊》雕塑

2014年1月14日，成都国际金融商场(成都IFS)开幕了，劳伦斯·爱勋创作的《大熊猫》(见图7-10)雕塑也坐落于此，成为新的公共艺术雕塑。巨大的熊猫雕塑被命名为"我在这里"(I'm here)，雕塑重为13吨，高度为15米，攀越于高楼之上，有"飞跃"的寓意。四川本来就是熊猫的故乡，《大熊猫》雕塑与当地的文化氛围相呼应。

图7-10 成都国际金融商场《大熊猫》雕塑

7.2.5 《百吉饼》雕塑

汉娜·雷恩是来自瑞典的一名女艺术家，在1998年的时候抵达纽约，并且第一次接触到她后来非常喜爱的纽约主食——百吉饼(Bagel，纽约最流行的面包圈，也是纽约早餐的代表性食物)。此后十多年，汉娜·雷恩为这种代表性的食物作出了两组雕塑，并且分为两部分在哈德逊公园和维滕贝格广场做两次展出，展出的名字叫"everything"，一切，作为纽约城市公共生活的一个标志。

如图7-11所示，汉娜采用铸造工艺无缝地复制并且等比例放大这些大家司空见惯的食物，把每一个独立的百吉饼安排堆放成一个临时的"花瓶"放在繁华的公共场所内，雕塑上还喷洒着一些朋克风的黑色油漆。百吉饼的"无始无终的圆"是令人回味的城市生活的永恒循环，黑色的喷漆是对黑暗和污垢的一个浪漫的致敬，这正是纽约这个城市的本质特点。

图7-11 《百吉饼》雕塑

 案例 7.2

《反射频率》雕塑

丹麦艺术家耶珀·海因创作的《反射频率》雕塑，位于丹麦奥尔堡市奥尔堡音乐厅

(House of Music)的中央大厅之中，如图7-12所示。

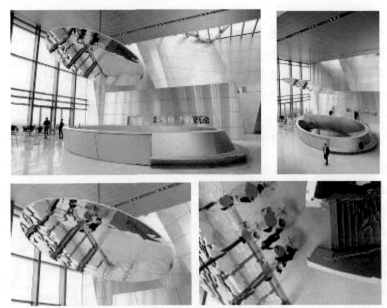

图7-12　《反射频率》雕塑

当人们顺着音乐厅内的阶梯拾级而上的时候，就会发现这件充满着视觉幻象的作品，它会随着人们动态的变化而变化，继而使人们逐步从该作品中观测到它所映射出的层叠的楼层镜像。

雕塑作品中心的反射面具备统一性的特征，但是会逐步地随着外界的变化而作出相应的渐变和分解效果，它展示出了一种类似于"频率波"的视觉动态，它起先是平静的，随后变得起伏起来，最终又恢复平静的状态。

雕塑作品反射镜的边框是由橙色的霓虹灯镶嵌而成的，橙色的霓虹灯令这件作品更加明亮，并且还会使周围的环境沐浴在一种温暖的气氛之中，此外，橙色的霓虹灯会突出这栋建筑的环境特征，会为它增添一种更强的可视性。当人们离开音乐厅时，他们会从建筑的外部重新观赏这件作品，并且会加深对它的印象。

7.3　公共园林雕塑

公共园林是供人们休闲、娱乐的场所，氛围比较轻松活泼，在这种环境下，摆放若干雕塑，可以增加园林的文化内涵及艺术气息。作为园林景观的一部分，雕塑不是一种装饰，而是一种景观。通常，景观包括自然景观、经济景观、文化景观三大类。在园林中的雕塑就是文化景观的一种。

7.3.1　公共园林雕塑制作原则

公共园林雕塑作为一种文化景观雕塑，选择时要注意以下四个原则。

第一，要有文化内涵。公共园林雕塑通常面对社会大众，如果没有文化内涵，很难被社会大众所接受、欣赏。

第二，要易于欣赏。要做到易于欣赏，雕塑必须大众化。必须强调的是，大众化并不是庸俗化。它必须和当地的文化水平相当，不过多地超越当地的文化欣赏水平。

第三，雕塑必须与所在的园林相衬。雕塑艺术家还要不断地突破以往，要有所创新。

第四，雕塑最好能反映当代社会的某种趋势。社会在进步，雕塑也应与时俱进。

7.3.2 《亚当斯的首次呼吸》雕塑

《亚当斯的首次呼吸》雕塑(见图7-13)安放在一个围起来的园林里，这个园林是由俄亥俄州巴特勒郡的园林大师设计和建造的，是俄亥俄州哈密尔顿金字山雕塑公园和博物馆的一个最受人喜爱的景点。雕塑公园占地1.07平方千米，是古代雕塑博物馆与自然的动态结合。

《亚当斯的首次呼吸》雕塑花岗岩碎石好像是从地核涌上来的，而铜像则好像从与花岗岩相连的血管中生出来。雕塑隐喻亚当斯的诞生，同时，金属和石头融合在一起，浑然天成。由浮岩、花岗岩、不锈钢和铜制造而成的2.74米高的雕塑，好像是从地底下冒出来的，撑开在一个新的维度中。铜像的棱角反映的是男性的身体，然而它却超越了男性的身体。这个雕塑代表着上帝的初次造人以及上帝的喜好。这个亚当斯没有肚脐，却拥有完美的身材以及毫无压力的生活。他是用泥土造成的，却完美无缺。随着他的呼吸，那敏捷的身体、发达的肌肉、有力的双手、炯炯有神的双眼，从此他生长的这个地方便有了生气。

图7-13 《亚当斯的首次呼吸》雕塑

7.3.3 《蛇形画廊》雕塑

伦敦肯辛顿花园的蛇形画廊每年都会委托设计师建造临时展馆，而塞尔加斯和卢西亚是设计这个临时展馆的第一批西班牙设计师。蛇形画廊每年委托一个不同的设计师去建造这个展馆，为设计师提供一次展现自己的机会。

2015年，第15届伦敦蛇形画廊临时展馆项目启动，西班牙设计师塞尔加斯和卢西亚共同创作了《蛇形画廊》雕塑，这是个"蝶蛹状"的结构，由五彩的透明塑料制成，如图7-14所示。

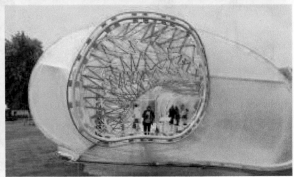

图7-14　《蛇形画廊》雕塑

这个雕塑在伦敦肯辛顿花园的蛇形画廊前面展出，是由一系列不同形状和规模空间的连接结构，由一个不透明双壳和透明的、不同颜色的氟塑料织物构成。塑料会像彩色玻璃窗户那样过滤阳光，把五彩的光线投射到一个咖啡店的室内空间。由建筑师提供的夜晚画面展示了从里面照明的景象。塑料织物将放在嵌板上，而且条状材料编织包裹在部分结构上，就像带状织物一样。双壳将建造出室内和展馆外层之间的一个走廊，而且游客能从边上的多个口进入。

7.3.4　《折纸》雕塑

西班牙建筑师胡里奥·巴雷诺·古铁雷斯(Julio Barreno Gutiérrez)在安达卢西亚的一所学校的操场通道处创建了一个大型《折纸》雕塑，如图7-15所示，1厘米厚的钢板进行弯折和不同层次的固定，形成俏皮活泼的外观，浅色的绿松石棚顶和玫红色的底面让整个作品显得非常亮丽，也让整个操场都活跃起来了。之前学校的操场被分成了两块，分布在学校的西部和北侧面，连接性很差，巴雷诺利用操场之间的通道空间安装了雕塑，不仅完美地连接起了两个操场的空间，这个雕塑还能在阳光强烈或者下雨天的时候充当学生们的保护伞，亮丽的色彩和奇特的造型也可作为孩子们的一个休闲娱乐的场所，既漂亮又实用。

图7-15　《折纸》雕塑

7.3.5　《标记》雕塑

　　麦迪逊广场公园里，五个混凝土浇筑的"异样"雕塑矗立在中央草坪椭圆形的中心轴上，这批黑白相间的不规则雕塑作品是美国艺术家梅尔·肯德里克的作品《标记》(Markers)，如图7-16所示，正如作品的名字一样，这种正规图案的不规则组合形式就是梅尔·肯德里克的标记，他原是以木材为主要材料进行雕塑创作，自20世纪70年代中期以来，他为自己制定了"加法与减法""毁灭与创造"这样的艺术法则，并且作品受到各界的广泛好评，包括纽约大都会博物馆、现代博物馆等都相继展出并收藏他的作品。

图7-16　《标记》雕塑

图7-16   《标记》雕塑(续)

案例7.3

石头雕塑

凯特·森普尔是英国萨默塞特的雕塑艺术家，以石头雕塑为主。说起石头，大家的印象通常是厚重呆板，因其本身并没有金属灵活，相对来说也缺乏塑造性，但石头在凯特·森普尔的手里却变了一副模样，它打破了石头传统的沉重感，不管是灵动的曲线形式，还是不平衡的几何形态，或者是在石头上镶嵌的闪亮水晶都让他的雕塑变得现代和动感，充满抒情的诗意。艺术家尝试用新鲜的眼光去观察石头的另一面，并根植于传统石雕的技术和工艺，创作出许多古怪却制作精良的雕塑，其中不乏规模庞大的户外公共园林雕塑，让人们重新审视石头的艺术。

如图7-17所示，没有多余的花边点缀，只是用石头雕刻成各种形状，用竖条、球体、方框等几何图形拼合在一起，白色的石头与绿色的草地形成了鲜明的对比，更进一步突出了雕塑。

图7-18所示的石头雕塑，也是由各种不同的形状组成的，它们拥有多个彩色点缀物，成为雕塑的一大亮点。

图7-17　石头雕塑1

 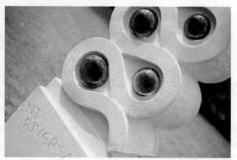

图7-18　石头雕塑2

7.4　居住区雕塑

居住区雕塑，通常与居民生活关系较为密切，很容易在潜移默化中影响人们的行为和价值观，其中影响最深的可能是未成年人。基于这种情况，居住区的雕塑制作也有着非常严格的要求。

7.4.1 居住区雕塑制作原则

居住区雕塑的制作必须遵循以下四点原则。

第一，要有文化内涵，有教育意义，提倡积极向上的文化精神。居民区就人口比例来说，成年人占多数，但青少年是人类的未来，所以，在设计一个雕塑时，雕塑艺术家要能自觉地承担教育后代、陶冶情操的社会责任。雕塑艺术家不能只为艺术而创作，脱离社会的艺术是没有根的艺术。

第二，要易于欣赏，为大众所接受。作为公共性雕塑之一，它必须易于欣赏；否则，就无法起到美化和装饰环境的作用。

第三，要有生活气息，为大众所喜好。雕塑不能被大众所喜欢；相反，大众觉得摆个雕塑在那里很陌生，很怪异，就谈不上欣赏，谈不上陶冶情操，更起不到教育作用。

第四，所建的雕塑要与周围的居民融为一体，成为当地居民生活的一部分。雕塑做得好，周围的人都会把它记住，这样的雕塑才是物得其所，有价值。

事实上，制作雕塑时不能只考虑这些，这只是一个基本原则。总之，一个基本原则是要以人为本，人与艺术相结合，也就是说人中有艺术，艺术中有人。

7.4.2 *Sail Boxes* 装饰雕塑

美国艺术家弗吉尼亚·梅尔尼克既是一名设计师，也是一名建筑师，她的装置作品曾出现在北京、多伦多、底特律等地。

她的设计团队曾为2015波士顿休闲日(the Boston PlayDay 2015)安装了一个临时性的娱乐装置，并为其命名为"*Sail Boxes*"，如图7-19所示。它是用绚丽多彩的氨纶织物(俗称弹力布)沿着多个不同规格的盒状竹框架展开而创建的一个互动设施，给人们带来独特的游戏体验。

图7-19 *Sail Boxes* 装饰雕塑

这个简洁的装饰雕塑可以被安置在居民区，供大众使用。织物的不对称布局让装置看起来就像迷宫一样，孩子们可以来回推拉织物来改变它们的形状，鼓励发现和创新，而柔性的弹力布料和连接处的光滑圆角还能尽量避免儿童的安全问题，装置中还有一些面积较小的角落空间可以供大人们休息避暑。

7.4.3 《塑料树》雕塑

2015年巴塞尔第9届国际艺术博览会上，来自喀麦隆的艺术家帕斯卡尔·马尔蒂那·塔尤代表常青画廊在展厅的墙壁上安装了一个巨大的"塑料树"装置，如图7-20所示。人们会看到不同距离、不同长度的树枝从墙壁的表面生长出来，在枝头上生长着的不是树叶，而是五颜六色的塑料袋，粗暴地绑在每个树枝上，虽然看上去倒也漂亮，但人们也会感觉到，这些树木受到了严重的干扰和污染，它带给人们的是一个对环境有危害的视觉感受。如果这些《塑料树》雕塑被安放在居民区，则会提醒人们环境污染后所带来的严重后果，对青少年也有珍爱地球与生命的教育意义。

图7-20　《塑料树》雕塑

7.4.4 《门廊游行》雕塑

加拿大温哥华市有这样一些独特的居民区公共装置雕塑，鲜艳的色彩足以吸引人们的目光，然后它还是一个临时休息亭。这个作品名为《门廊游行》，如图7-21所示，可以被放置在居民、广场、公园、汽车站点等多处场所。

图7-21 《门廊游行》雕塑

这个作品是由芝加哥建筑公司的斯图尔特·希克斯(Stewart Hicks)和艾莉森·纽迈耶(Allison Newmeyer)共同设计完成的，作为一个临时性的公共空间，虽说主题是公共座椅，但设计师像是把家都搬来了一样，在街边盖起了房子，而"房子"通体喷绘出鲜艳的印刷原色，在阳光照耀下非常夺目，来往的人们可以随意通过门廊，或坐或靠或玩耍，形成一个充满活力的互动空间，想必到这来玩的人们心情都会变好。

7.4.5 《万花筒穹顶》雕塑

在香港的一个居民区中，有个《万花筒穹顶》的雕塑作品引起了人们的注意，这个作品是一个用260多块独立的金属多面体构造而成的一个蜂巢样式的小型建筑装置作品，穹顶使用不同深浅的红色和蓝色绘制颜色，不仅可以降低金属表面的反射光，还给整个装置蒙上了一层梦幻般的色彩，每一组金属板都像是一个多边形的小窗格，从外向里看，它就像一个不断变化的万花筒，映射出河流、树木、建筑和行人等图像，而从里向外看，就像透过小小的窗格向外望，当你移动位置，不断变换的曲线形式总会产生一种奇特的视觉效果，倒也别有一番风景，如图7-22所示。

图7-22 《万花筒穹顶》雕塑

📖 案例 7.4

《薄纱》雕塑

　　美国的女艺术家雪莱·帕瑞特利用丝网、薄纱和金属网等制作《薄纱》雕塑，如图7-23所示，并被安放于居民生活的场所中。雕塑拥有着五彩缤纷的颜色，每一个不同颜色片状网格都用竖立卷曲的样式，用不同的高度和距离进行组合，创造出一个个明亮温暖的作品，让人的心情瞬间好起来。雕塑规模有大有小，大的甚至可以当作一个透明的迷宫，人们可以进入这些纱网之内，半透明的彩虹色雕塑结合图案，色调和光线对空间都产生了改变，与人们产生互动，能吸引不少游客的关注，五颜六色的艺术品使大人、小孩心情非常舒畅。

图7-23　《薄纱》雕塑

7.5 水景雕塑

水景雕塑顾名思义与水有关，一般水景雕塑分为天然水景雕塑和人造水景雕塑两类。不管是哪类水景雕塑，都会给人带来凉爽的感觉。

7.5.1 水景雕塑制作原则

水景雕塑的范围较小，是因为它同样要遵守一些规则。

第一，要有文化内涵，可适当偏向智慧休闲类。建造水景雕塑通常是为了营造一种艺术动感氛围，给生活增添一些乐趣。

第二，要易于欣赏，不能太抽象。当然，还要不能使水景雕塑显得庸俗。

第三，要与水景相吻合，与其所在的大环境相衬。水景雕塑作为水景中的一部分，要与水景有关联。

第四，要自然，不能有太多的人为因素。之所以要制造水景，主要在于人们内心当中对大自然的向往与热爱。太多的人为因素，就失去了自然的感觉，失去了制作水景的目的。

水景雕塑可有适当的创新，但要避免过犹不及。无创新，就谈不上发展；而无神，创新则白费。这一点是对水景雕塑的要求。

7.5.2 《基隆港滨水景》雕塑

2010年，基隆港为世界第54大货柜港。基隆港是台湾四座国际商港之一，也是台北的外港和台湾北部首要的海运枢纽。其管理及营运单位为台湾港务公司基隆港务分公司。整个港区紧临基隆市中心，运输方面以货柜为主、散货为辅，并有数条国内外客轮航线固定弯靠。

在宽敞开阔的基隆港滨水景观中，几个雕塑感很强的景观小品点缀其中，给人一种清爽开阔没有阻挡的舒畅感，站在景观台上，可以尽览河岸的天际线，是放松心情、开阔心胸的理想之地。一群人聚集在岸边的栏杆上，平视或者仰望着欣赏岸边的风景，低头俯瞰水中的游鱼，很是欢快，如图7-24所示。

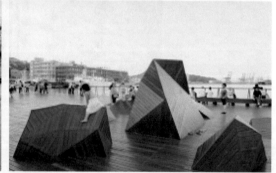

图7-24 《基隆港滨水景》雕塑

7.5.3 《人体系列水景》雕塑

为了纪念信托置地(Landmark Trust)成立50周年，著名艺术家安东尼·葛姆雷围绕英伦三岛的岸边精心挑选了五个信托置地广场，分别安装了五个抽象的人体系列雕塑，并将其命名为"LAND"，每个雕塑都如真人般大小，用铁制成，矗立于能够俯瞰大海的地方，与周围的环境相互呼应，无论从哪个角度看，此人此景都相当壮观。放置雕塑的五个地点都被水体相连，从大海到村庄，象征着自己的国家因为水而紧密地连接在一起，并鼓励人们用一种新的方式去探索地点、时间和人的关系，如图7-25所示。

图7-25 《人体系列水景》雕塑

安东尼·葛姆雷说："这些雕塑会像一个标志一样标记着空间与时间，海水把我们从大陆分离，使我们能自己反省，但土地促使我们打破自我的局限，并参与到未来的发展机会中。"

 知识链接

安东尼·葛姆雷，雕塑家，是一位国际瞩目的艺术大师，1950年生于伦敦，其成名之作是系列真人大小的铸铅人体雕塑，这些雕塑正是以其自身为模型而铸成的。其后，他又制作了一些大型的夸张的铸铁雕塑。从事艺术雕塑以来，他一直站在西方人体雕塑的前沿，并为其赋予新的活力。

7.5.4　深圳福田区水景雕塑

深圳福田区有50多件艺术雕塑落户城市景点，而其中的水景雕塑展示出了不一样的城市之美。水为生命之源，水为城市之本。雕塑加水景成为福田区大运提升景观的创新之举，这些水景雕塑既有雕塑的阳刚美，又兼具水景的柔性美。新洲路口的《太阳花》和华富路上的《马蹄莲》因为与水结缘，显得生机盎然。

《太阳花》雕塑位于福田区福民路与新洲路交会的街边公园，这幅大型雕塑由带着水晶体造型的多个球杆状立柱组成，它表现的是一颗水珠从高空中落下后又弹射出若干个水珠的画面。该雕塑创意来自落地而生的马齿苋花，其学名为太阳花。新洲路口这株经过艺术造型的太阳花，有水的裂变之美，也有水珠运动的轨迹之美，如图7-26所示。新洲南路的乳白色隔栏、沿路绿化景观、沿路建筑立面刷新和街边小公园构成了一个多层次景观系统。而《太阳花》以高超的想象力和文化内涵成为这个景观系统的点睛之笔。

图7-26　新洲路《太阳花》水景雕塑

华富路口水景雕塑《绽放》给所在的景观带来了一股灵动，《绽放》水景雕塑提炼马蹄莲的特征进行仿生创作，如图7-27所示。竖立32根大小不一、高低各异、有机组合的一个抽象花阵绽放开来，并且每根具有瀑布功能，从而形成一道奇特的水帘景观，颜色上洁白纯粹，寓意欣欣向荣。《绽放》水景雕塑与周边景观融为一体，在柔和的城市灯光下，上海宾馆大楼、平安集团大型户外广告造型和地面绿岛景观成为立体化多层次景观综合体。《绽放》的造型像一束盛开的鲜花，可送给朋友、家人或者心爱的恋人。这束艺术之花与众不同的地方在于，一个个花喇叭里流淌出清澈的水束。

图7-27　《绽放》水景雕塑

深南中路作为深圳的中轴线，它凝聚了特区改革开放的集体记忆。如今红岭水景落户中轴线上，让深南中路景观内涵更加丰富、更加亲和。红岭水景位于红岭路与深南路交叉口的西南侧。设计中把现有停车场整体提高，与建筑走廊齐平，增设喷泉水景，行人在广场和人行道上都可以感受到喷泉的气势，与对面简洁大气的邓小平画像广场相呼应，如图7-28所示。

图7-28　红岭水景雕塑

赛格水景位于赛格广场门口，处于华强路与深南路交叉处东北面。如图7-29所示，该雕塑契合赛格水景所处的商业环境，流水柱及灯柱错落有致地分布于水池中，通过秩序与韵律的美感体现都市气息并寓意商业的繁华及有条不紊。赛格水景还给商圈带来了水景的流动感和清凉感，增加了商圈的人文气息。广东人以水为财，以水招财，以水招客，赛格水景正好表达了广东商业文化的内涵。

图7-29　赛格水景雕塑

深圳福田区的水景雕塑融汇青春、活力、动感的个性风格，同时充分再现了深圳移民文化，展示了创新进取的特区精神。在艺术取向上，这些雕塑以轻、巧、美的形象出现，一改传统雕塑的大、重、威，更多地展示亲近、体贴、互动的人情味。水景雕塑在取材用材上，力求简约、低碳、节能，尽量采用大众化材料，且便于后续保养。景观在设计上做到有水和没有水都能成景成趣。在没有水源时，地面景观仍然保持安全有效的展示。所有景观的水源均采用城市回收水，在循环利用上采取节电节水模式。

7.5.5　喷泉水景雕塑

在水景雕塑中，喷泉是最常见的雕塑之一，它们可以被安置在公园、广场、居民生活区等不同的场所。喷泉水景中的水多数是人工水源，而且它的面积较小，易于控制。下面介绍两个创意喷泉水景雕塑。

《脸喷泉》雕塑的设计非常奇特，远看如同一个城堡，又如同一个草坪人，草坪伸出来的人头，远远看上去，又像是狮身人面像，水就从草坪人的口中喷出来，如图7-30所示。《脸喷泉》的造型色彩与周围的山脉、草地融为一体，使得整个水景区域的景观显出自然、和谐状态。

图7-30　《脸喷泉》雕塑

《金属人头喷泉》的景观设计的独特之处在于，除了以9米多高的巨大人头作为喷泉柱之外，更在于人头是由金属切片组合成的，而这些切片可以自由转动，组合成新的人头，非常神奇，如图7-31所示。

图7-31 《金属人头喷泉》雕塑

　　《皇冠喷泉》雕塑坐落于芝加哥卢普区的千禧公园内，由加泰罗尼亚艺术家约姆·普朗萨设计，于2004年7月启用。《皇冠喷泉》既是一个公共艺术品，也是一个互动作品，已经成为公园的一大亮点。《皇冠喷泉》是一个高15.2米的立方体，造价约1700万美元，由黑花岗岩制成的倒影池构成，两侧是用玻璃砖建造的塔楼。皇冠喷泉是一个靠灯光和图像来千变万化的现代艺术，每隔一定的时间，变换着不同的人物笑脸，象征着芝加哥市民笑迎四面八方游客，吸引着每一位来此的游客。设计师将1000多位芝加哥市民的脸利用现代技术投射在15.2米高的LED屏幕上，营造出喷泉从他们口中喷出的幻象，别出心裁，令人叹为观止，如图7-32所示。

图7-32 《皇冠喷泉》雕塑

 案例7.5

《巴厘岛攀岩墙》雕塑

　　作为巴厘岛东面散步长廊的一部分，设计师戈登设计了一条长40米的字母排版攀岩墙。

巨大的英文字母由超过4000个海滨主题的塑料模具拼组而成，这些塑料模具五颜六色且都采用可回收材料制作而成。其中还混杂安放了1000个形状"新颖"的攀岩支撑点(它们有化石、水果、恐龙、字母等)。关键词巴厘岛(Barry Island)字样也隐藏其中。威尔士语和英语里的巴厘岛是Ynys Barry和Barry Island，这两种拼写都被展现在攀岩墙上，使这面原本普通的混凝土墙变成巴厘岛一个互动式的新地标建筑，吸引了来自世界各地的游客和攀岩者来到这个原先被忽视的海滨一角一探究竟。虽然《攀岩墙》雕塑并不像喷泉一样喷射出水源，但是这个景观雕塑与大海周围的环境相互衬托、相互融合，给海边景色增添了不少色彩，如图7-33所示。

图7-33　《巴厘岛攀岩墙》雕塑

本章小结

　　景观雕塑艺术在人们的生活、工作中起着非常重要的作用，它有时为人们提供方便，有时会装饰城市环境，有时也会激发人们的想象力，给人们带来动力。本章主要介绍不同环境中的景观雕塑。通过学习本章内容，使学习者了解、学习更多的景观雕塑艺术佳作，为今后的创作提供更多的参考。

一、填空题

1. ＿＿＿＿＿＿＿＿＿＿＿＿主要用于城市广场的装饰和美化，它不仅是广场的一道风景，更是丰富着城市居民的精神生活，为城市添加一份艺术的气息。

2. 公共空间雕塑的三层含义分别是＿＿＿＿＿＿＿＿＿＿、＿＿＿＿＿＿＿＿＿＿、＿＿＿＿＿＿＿＿＿＿。

3. 公共园林景观雕塑包括三大类：＿＿＿＿＿＿＿＿＿＿、＿＿＿＿＿＿＿＿＿＿、＿＿＿＿＿＿＿＿＿＿。

4. 水景雕塑分为＿＿＿＿＿＿＿＿＿＿、＿＿＿＿＿＿＿＿＿＿雕塑两类。

5. 雕塑也是一种＿＿＿＿＿＿＿＿，艺术家有责任将这种美走向大众。

二、选择题

1. 《海之韵》雕塑全长为(　　)米。
   A. 19.6
   B. 19.7
   C. 19.8
   D. 19.9

2. 《蘑菇》雕塑的高度为(　　)米。
   A. 16
   B. 17
   C. 18
   D. 19

3. 《亚当斯的首次呼吸》雕塑采用了(　　)材料构成。
   A. 浮岩
   B. 花岗岩
   C. 不锈钢
   D. 铜

4. 《万花筒穹顶》雕塑是由(　　)多块独立的金属多面体构造而成的一个蜂巢样式的小型建筑装置作品。
   A. 240
   B. 250
   C. 260
   D. 270

5. 《标记》雕塑采用了(　　)材料建造。
   A. 浮岩
   B. 花岗岩
   C. 铜
   D. 混凝土

三、问答题

1. 城市广场雕塑的制作规则有哪些？
2. 公共空间雕塑的制作原则有哪些？
3. 公共园林雕塑的制作原则有哪些？
4. 居住区雕塑的制作原则有哪些？
5. 水景雕塑的制作原则有哪些？

参 考 文 献

[1] 凤凰空间. 景观雕塑与小品[M]. 南京：江苏人民出版社，2012.

[2] 凤凰空间. 园林水景+景观雕塑与小品[M]. 南京：江苏人民出版社，2012.

[3] 董学君，董晓明. 建筑与景观设计系列：城市景观细部元素2000例：城市雕塑[M]. 大连：大连理工大学出版社，2013.

[4] 高迪国际HI-DESIGN PUBLISHING. 城市景观雕塑[M]. 王丽娟，等译. 桂林：广西师范大学出版社，2014.

[5] 言华，辛睿. 景观建筑小品设计500例：桥·园灯·雕塑[M]. 北京：中国电力出版社，2014.

[6] 乔迁. 伫立的灵魂——读景观中的雕塑[M]. 北京：中国建筑工业出版社，2015.

[7] 郭婷. 城市景观雕塑设计理论与方法研究[M]. 北京：中国纺织出版社，2019.

[8] 赵学强，胡天君，贾良. 景观雕塑设计[M]. 北京：中国电力出版社，2012.